# App 故事
## 从来没有这样爱

猫咖 兔酱【著】 毛豆茶【绘】

机械工业出版社
CHINA MACHINE PRESS

# 前 言

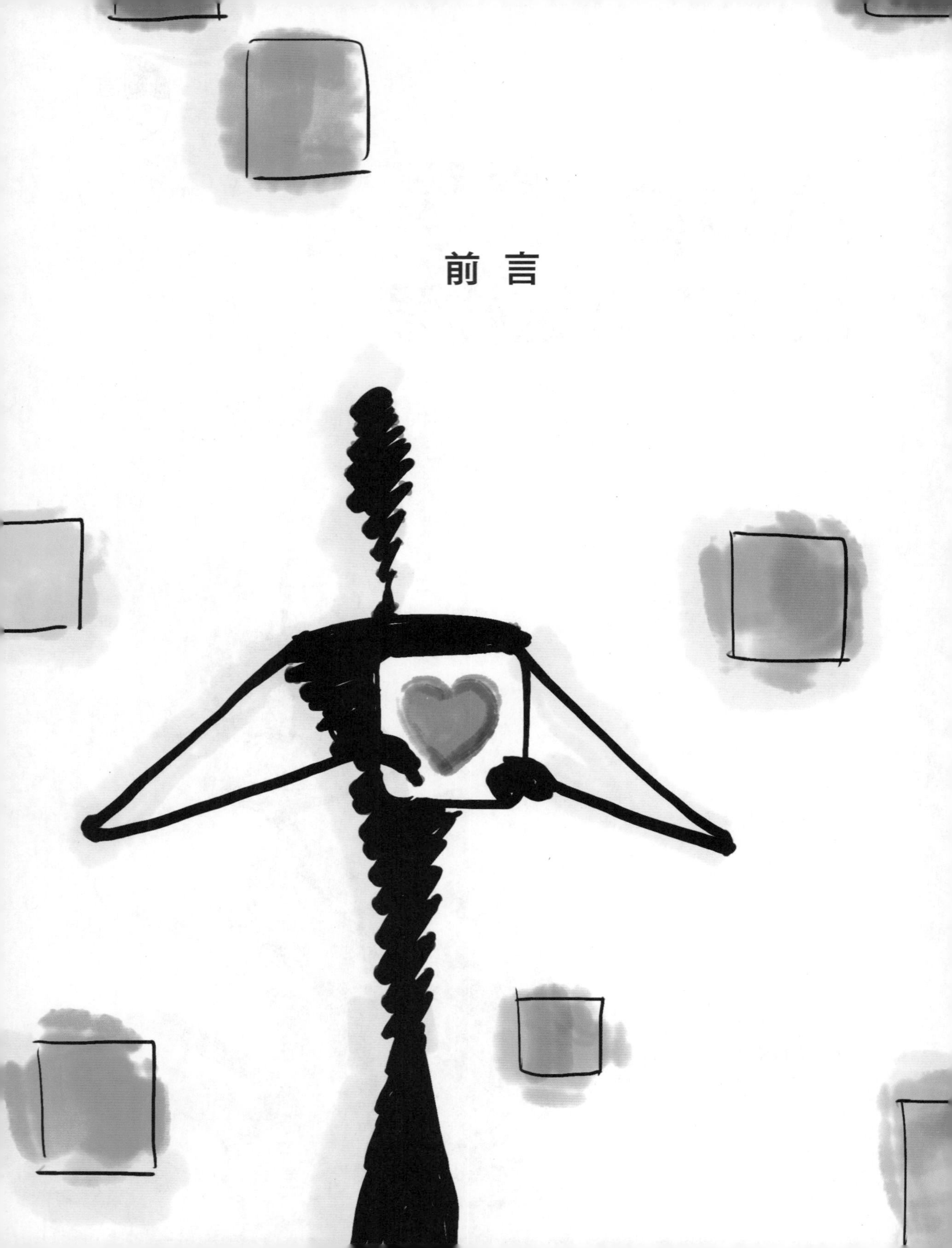

碎片化时代要怎么阅读？人们每天都在行色匆匆地赶路，都在眼忙手乱地接收各种信息，却忘了该怎样用心去阅读。

创意短读是要调动人的全感官在短时间内以各种形式写作和阅读。在创意短读中，可以用眼睛去读、用眼睛去写；用耳朵去读、用耳朵去写；用鼻子去读、用鼻子去写；用手指去读、用手指去写……用心去读、用心去写。在创意短读中，写作者是阅读者；阅读者也是写作者。二者间的区隔完全消解。

碎片化时代的阅读与写作是创意最大，协同为王。我们倡导用创意短读回归阅读。

App 故事就是创意短读的形式之一。App 故事需要你我一起用 App 来讲述属于我们自己的故事。

为什么要用 App 来讲故事？

打开你的移动设备看一看，众多的 App 正以怎样的状态生活在其中呢？杂乱？单调？乏善可陈？你是不是每天都在毫无头绪地不停寻找？你是否想过移动设备里的 App 们除了是你工作娱乐的工具还兼有治愈的功效？

我的 iPad 里住进了 800 个左右的 Apps，其中有很大一部分是因为图标本身可爱而住下来的。知道我这么做的人都会劝我删掉一些 Apps，还有人建议我直接格式化，一定要用的再装回来。友人断言我将和 App 们合谋逼死我的 iPad。可我却认为，是 iPad 和 App 们在合谋绞杀我。

其实我不是一个普通的使用者。我是一个 App 控，我抑制不住地想要在移动设备里饲养更多的 App 图标。所以我下了很多的 Apps，自测过很多的 Apps，一个 App 好不好，好在哪，我搞几下就大概知道了。有时想想还真是，控上 App 或许是我今生最错误的决定，因为这货的数目太庞大了，并且还在呈指数增长，其中不乏大量的垃圾产品。可是一旦被我发现一些具备某些功能（还不一定是其原本诉求的功能）的 Apps 碰巧适合我的需求，便足以治愈我长时间徜徉在各种令人莫名忧伤的 Apps 之间的伤痛了。

在饲养Apps同时治愈自己的过程中，时常感觉Apps就像是黑洞一样深不见底，或者说，在用一个App时，你发现的是开发者的心思，就像看小说、看电影一样，不但会按照作者的意愿跟随着故事的发展调动感官来创作，也可以渐渐看清开发者开发它的意图和诉求，而这些发现都将成为你更好地使用这个App的支撑力量，支持着你把一个App变成自己的个性化产品。

Apps自身个性化了还不够，管理App图标的方式也非常需要个性化。Apps多到一定程度，即便是类别细分进行文件夹管理，找些不常用也记不清名字的App也很困难。不过我在实践中发现，用图标进行影像记忆搜索比苦思App的名称来得轻松。更发现如此整理出的桌面具有了审美和治愈的功能。最初是按照颜色来整理，而在调整图标的排列顺序和相对位置的过程中发现了其中蕴含的叙事可能性。就像是写看图说话的作文，看插图讲故事一样。我开始变换着图标的排列方式，来讲述一个个有趣的或是悲伤的小故事，无论是用来表达自我还是虚构故事，都能得心应手。轻松地滑动手指翻页，讲多屏的复杂故事也无障碍。

用App图标讲故事，不但可以反复记忆图标以便于需要使用时快速找到，而且这样整理出来的桌面或是文件夹本身就是有故事的。“吃货是如何养成的”、“爱你在心口难开”这样可爱的文件夹名称看上去也比“记事”、“修图”、“塔防”、“消除”这样呆板的名称要舒心很多吧。

让App们在移动设备的桌面上鲜活起来。以iPad为例，一台iPad可以容纳4501个图标，也就是说可以用4501个元素来讲述自己的App故事，可以在所有的移动设备上做这件事，让它们成为专门定制的好伙伴。

App故事就是这样一种个性化管理App的新方式。如果你有心仪的App并且对其他的App表现出好奇，那么阅读这本书会让你越来越觉得App的个性化管理是值得投入的有益爱好。如果你对App还不了解，不知道它们能为你的生活带来怎样的惊喜，读这本书是开启你与自己的智能移动设备的新关系的关键。

如何在浩如烟海、淡若浮云的Apps中快速找到你所需要的并且是制作精良的App呢？

这本书就是为你而存在的。它所展现的App世界轻松跳跃、戏谑幽默，包容豁达，这些都

牵引着我们这些不由自主地被App吸引的人，鼓励我们发现真正适合自己的App，提醒我们不要放慢脚步，与对的App一起，开拓未知，发现惊喜。

期待这本有趣的书能有幸成为你与那些你注定与之相知相守的App早日相遇的线索。哦？或许它已经陪伴在你的身边，只是你还没有真正看到它。你可能从没有去想过你为什么离不开它，为什么在试用与它同类的App时，会有一种“除却巫山不是云”之感。那它便是属于你的App。有时候它怎么看怎么美，怎么用怎么好，但你却无法找到合适的语言来向你的亲友介绍它，它太适合你以至于一说出来，你就暴露了。

期待阅读本书可以给你带来不一样的感触和意想不到的收获。了解到你值得拥有那些为你生、为你等、为你经历了一次次更新努力成长的App；了解到你今生有义务去找寻它，并有

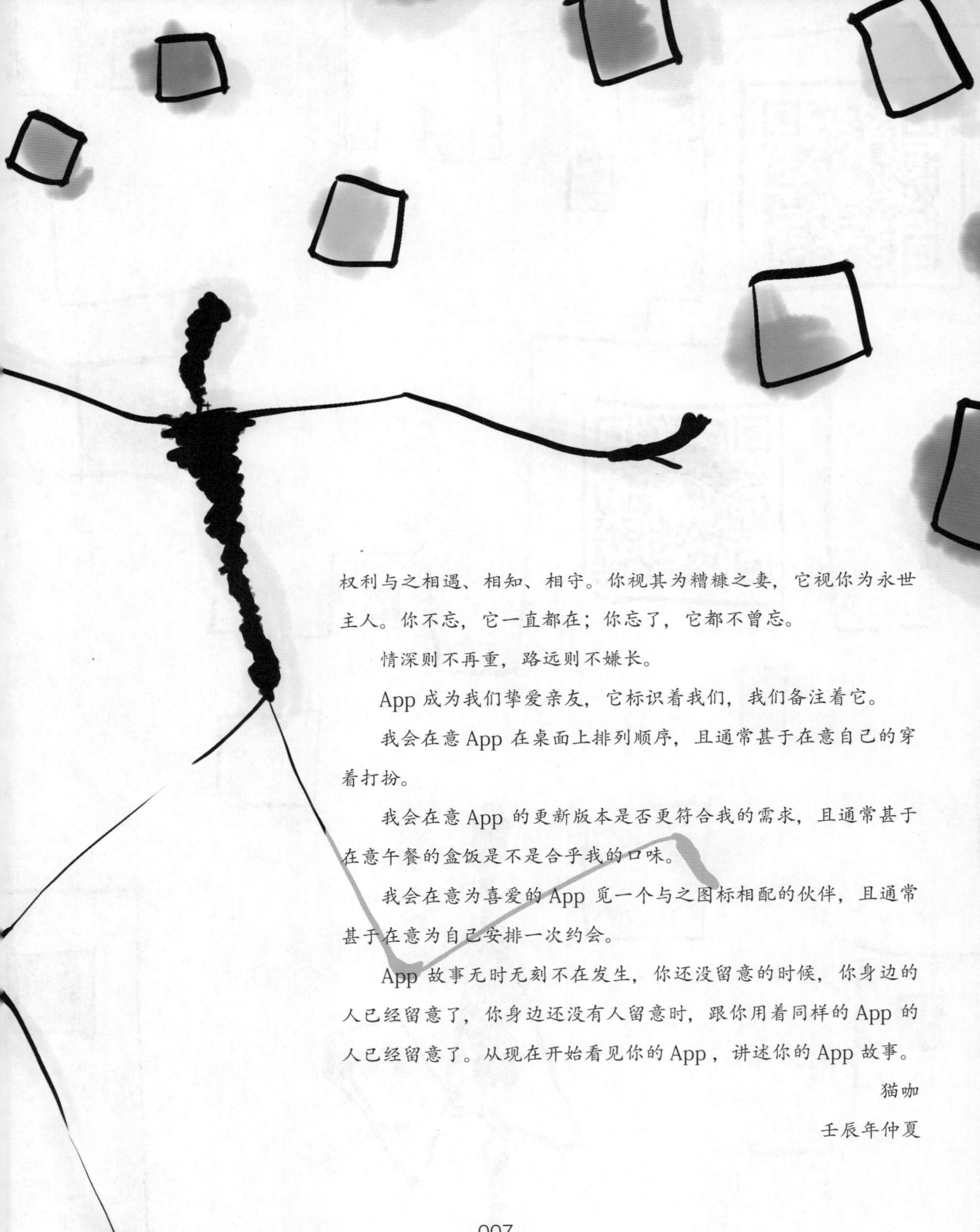

权利与之相遇、相知、相守。你视其为糟糠之妻，它视你为永世主人。你不忘，它一直都在；你忘了，它都不曾忘。

情深则不再重，路远则不嫌长。

App 成为我们挚爱亲友，它标识着我们，我们备注着它。

我会在意 App 在桌面上排列顺序，且通常甚于在意自己的穿着打扮。

我会在意 App 的更新版本是否更符合我的需求，且通常甚于在意午餐的盒饭是不是合乎我的口味。

我会在意为喜爱的 App 觅一个与之图标相配的伙伴，且通常甚于在意为自己安排一次约会。

App 故事无时无刻不在发生，你还没留意的时候，你身边的人已经留意了，你身边还没有人留意时，跟你用着同样的 App 的人已经留意了。从现在开始看见你的 App，讲述你的 App 故事。

猫咖

壬辰年仲夏

新浪微博
豆瓣小站

# 目 录

第一个故事：

# 拖——延——症

Jelly Defense

豆果美食

Nike Training

Discovr Apps

Flipboard

淘宝

星巴克中国

金山快盘

乐视

SoundHound

Dictation

有道云笔记

TimeLock

饮膳水记

GoodReader

Falling Stars

Line Art

Cross Fingers

奇艺影视

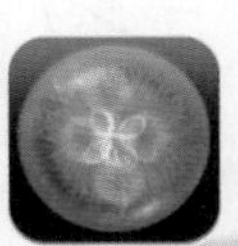

Osmos

TieRight

Super Powers

真心话大冒险

Cosmic Boosh

拖延症是逃避做一些事情。
拖延症是无法开始做事。
是说做一件事，却先做另一件事。

拖延症是刷新微博……是思考应该@谁，又不想@谁。
是下午回到家，打开文档，但是想起罚单快要过期，便又更衣去交。

拖延症是读一本书，是给冰箱除霜，是制定一个个假期旅行计划。
拖延症是为同一件事设定多个提醒。
拖延症是从一个想法跳到另一个，又另一个……

拖延症是整理桌子，是给手机充电，是打电话给物业提醒他们来换楼道的灯泡。

拖延症是花一早上的时间做饭、吃饭、收拾床铺、晾衣服、泡茶、切水果，然而一坐到电脑前，打开文档，就觉得很困。

拖延症是找出最难的那种方式去做一件事。

拖延症是按照颜色来整理你的 App 图标。

是反复排列桌面的图标，用它们讲述有情节的故事，是想象你的图标其实彼此相爱。

拖延症是做白日梦。

拖延症是听楼下的小孩打闹喊叫，是看着他们打闹喊叫，直到他们都走远了。

拖延症是煮一壶咖啡，是给鱼缸换水，是乱写乱画。

拖延症是试着留长头发，是拍小飞虫，敲笔。

拖延症是同时做八件事但一件也做不完。

拖延症是打个小盹儿……

拖延症是喝到醉，是给自己挠痒，是泡一杯茶。

是不小心划破手指，是给遥控器换电池，是挖鼻孔。

是等待快递小哥……

拖延症是列清单。

是无法决定用什么方法去做一件事。

是将事情复杂化。

拖延症是害怕完成一件事。

是不知道什么时候结束一件事。

是不知道如何来结束一件事。

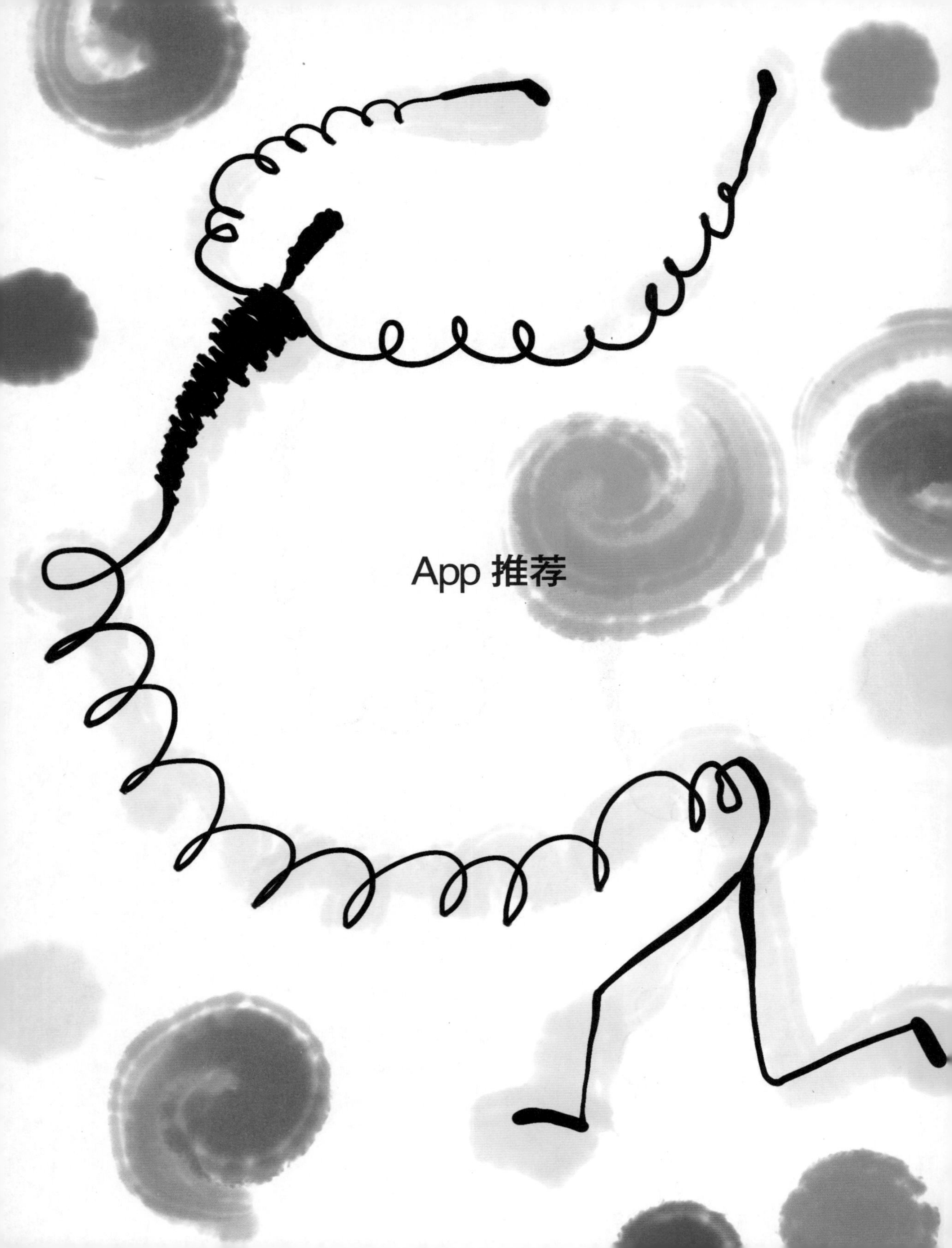

# App 推荐

## Jelly Defense

我们玩游戏不仅为游戏性，也为画面精美、音乐好听、音效特别，
其实更多时候我们会因为纯粹的视听需求就点开游戏了。
人的需求有时就是如此简单。

标　　签：定点 塔防 Infinite Dreams

基本描述：Infinite Dreams 出品的精品果冻塔防游戏，属于免疫性定点塔防。这是一个梦幻般的旅程，可爱的果冻小怪物配着声效冲出来，要扛走你家的 Diploglobe（它们会镶嵌在夜晚天空中，璀璨异常）的游戏设定让人欲罢不能，还有非常神秘又非常愉快的配乐，让人边玩游戏边跟随节奏摇头晃脑。

玩　　法：软 Q 的果冻受到攻击后缩小直至消失，比那些不管是不是生物有没有血流都头顶血条的敌人萌得多了。大量的能源球需要手动搜集，这个很费神。
内置教程关卡，教你快速上手。

特　　色：完美缔造了一个独特而又美丽的幻想世界。
相当有难度的奇异敌人，他们都是果冻！

## 你打的游戏，我通关了

以前你说我不爱玩需要动脑子的游戏，你在沙发里砰砰锵锵地打了那么久的塔防游戏，我顶多也只是累了的时候合上书本，靠在旁边看上几眼。现在我通关了，你花了好几个星期才掌握的关卡，我都轻松搞定了。我也发现了玩游戏并不是如你所说需要动很多脑子，而是需要有足够的耐心。以前我对你的耐心比你对我的耐心少很多，这大概就是我不太会玩游戏的原因。

以前你说这世上你爱的女人有三个，一个是妈妈，一个是跟来自我忘了叫什么名字的星球的你交换身体的地球女孩，最后那个才是我，我现在才想明白这句话的逻辑问题，既然跟你交换身体的是女孩，那你为什么不是女孩呢？

以前你不在我面前张牙舞爪的时候也是随叫随到的，可现在只有在我的幻觉里才会出现你的3D影像了。只能被我看到你过去拍的照片里的丑样子，你甘心么？

你打的那个游戏，我通关了。

以前我感觉厌烦的单调的出击命令和有些神经质的配乐，是让我获得平静的唯一方法，听着这些声音，我就能真切地感觉到过去的时光，在家里，你不眠不休地打着游戏，而我可以看我的书，睡我的觉，很安心也很平静。在很多个日夜里我靠幻想着跟你一起打游戏，才能入睡。那个游戏通关了很久，我还是想告诉你，这句话。

——你打的游戏，我通关了。我想我会永远爱你。

# Flipboard: 您的随身社交杂志

我们不愿掩耳盗铃，更惧怕故步自封，
于是总需要不停地阅读来缓解焦虑。
不是为了做作的摆设，而是安慰自己。

标　　签：在线 阅读 互动 社交 杂志 RSS

基本描述：在 Flipboard 上创建个性化的社交杂志，用精美的布局展现并分享一切。为移动触屏设备而生的在线阅读 App，总是被模仿，尚未被超越。

实　　用：打造专属于自己的 Flipboard，收藏你喜欢的内容，把你所关心的新闻、图片和社交媒体的动态更新都汇聚在一起，打开 Flipboard 轻松翻阅、评论和分享。内置浏览器，提供原文阅读。还可以用 Instapaper 或 Readability 把文章保存下来，稍后再读。也可以在 Flipboard 上直接浏览来自谷歌阅读器、LinkedIn 以及 SoundCloud 的内容和更新。支持新浪微博、人人网和 Instagram 的阅读和分享。

界　　面：惊艳的图文呈现方式，享受阅读。

# 乐视

每个人都有自己的路要走。
每个人都有自己的看法。
每个人都要找到自己的爱人。
明年的这个时候，你若是还能猜对我正在看的电影，
是不是就说明，我们注定要在一起。

标　　签：在线 网络视频 播放 下载

基本描述：这是一款乐视网为用户提供正版高清影视剧、动漫、综艺等视频在线观看、分享、搜索等服务的移动客户端。

实　　用：内容涵盖电影、电视剧、动漫、娱乐新闻、综艺、体育、纪录片、公开课以及原创娱乐综艺节目、自制剧、直播频道等。
支持视频搜索和筛选，方便用户尽快找到想看的视频。
用户无需注册即可下载视频。
一键收藏，也可以分享到社交网络。

界　　面：界面优化布局，体验顺畅。

# Line Art

线条与你的手指交互出无限的可能性，
旋转、放射、聚集、无序，
线条高速流动，汇成点，划成圈，流成星河……
让思绪，
放松，放空。

标　　签：休闲 唯美 治愈 多点触控 线条 光 艺术

基本描述：光和线的视觉游戏，非常棒的用户体验。你能做出怎样美丽的图案呢？

玩　　法：多点触控，滑动你的手指或是敲击屏幕，仿佛弹奏。
有实时和反应式两种操作模式，实时操作光线瞬息万变，反应模式更适合给制作好的图案截图。

特　　色：对多点触控即时反应，千变万化，做出同样的画面都很难。
细若游丝的线条颜色会慢慢改变，线条流动过程中汇集碰撞，或衰减，或增强，不用操作它也会自己变化。
炫机极品。

## TimeLock – Time Limit for Parents

完全无法直视那些会记录自己每天花多长时间做什么事情的 App。
如果你不幸了解自己每天花多长时间在移动设备上，
就会发现自己急需一个防沉迷系统。
但是每次到时间我都会把它解锁，
因为重新计时可以不那么有罪恶感。
是不是研制一种“戒移动设备”治疗仪会更受欢迎。

标　　签：　时间锁 儿童锁 限制时间

基本描述：　如果家里的小孩每天花很多时间在各种移动设备上，家长担心这个会比电脑游戏还容易上瘾，那就需要这个移动设备防沉迷系统。

实　　用：　设置密码锁和时限，就可以给设备上时间锁了。用这个 App 并不能完全锁住设备，但是在时间不可用的时候会不停地弹窗提示时间锁正在运行，需要去开启使用时间。在时间流完前可以正常操作设备，中途可以不受限地暂停使用时间，不暂停时间会一直流。时间流完则需要输入密码解锁重置时间了。

界　　面：　蓝色护眼的锁定界面只能控制开始和暂停。点击进入家长后台可管理时间、密码。

# 豆果美食

人说：生活是一道坎接着另一道坎；

生活是一道风景接着另一道风景；

生活是一道门接着另一道门……

其实还是豆果最精辟，生活它就是一道菜接着另一道菜。

标　　签：在线 美食 菜谱 社交 分享

基本描述：这是一款强大的在线美食应用软件，它将美食菜谱、社区互动、美食画报、云存储整合为一体，囊括超过 10 万道菜谱。与全球的豆果用户一道，发现美食、分享美食、交流美食。

实　　用：内容包含八大菜系、西餐、小吃、饮品、烘焙、海鲜、日韩料理等等。
集成了一键分享功能，实时与好友分享、互动。

界　　面：全新构思的界面设计，优化的交互体验。

## 最爱家乡菜

“这是盐的味道，山的味道，风的味道，云的味道，这也是时间的味道，人情的味道。”——《舌尖上的中国》

诺邓火腿肌红脂白、岐山臊子面红黄绿白黑五色齐全、巨大的乳扇像风铃一样悬挂屋前、湖南腊肉带着茶果的香味、西湖醋鱼鲜嫩诱人、糖葱薄饼色泽艳丽、北京胡同里的屋顶菜园一片清凉……这些都来源于最近感动了无数国人的纪录片《舌尖上的中国》。这些美食并非山珍海味，也并非由烹饪大师经繁琐工艺雕琢而成，他们都只是当地寻常百姓饭桌上最常见的饮食。

我看时，想起的是家乡云南的小锅米线、洋芋粑粑、火腿月饼、油鸡枞、土蜂蜜……虽然来北京十年了，但是我最爱的还是家乡的家常小吃、家常菜。每年 3、4 月份家里就会给我们寄来去年腌好的火腿、干巴；7 月喷香的油鸡枞也被爸妈装在食用油油桶里安全运到；9 月中秋节嘉华的各式鲜花火腿饼必不可少；12 月收到的高山上的土蜂蜜洁白沙甜，当然还有我们常年都需要的酸菜、豆腐乳、昭通酱、大头菜……离了这些家乡味要怎么生活，我简直无法想象。

把干巴切成片，用干辣椒一炒；用苦荞面烙饼再蘸上土蜂蜜；把洋芋煮熟捏成泥状，配上酸菜做油炸洋芋粑粑；炒蚕豆、茄子或者是白菜的时候放一点儿火腿；火腿的汤拿来煮芸豆；炒肉末或者是做西红柿鸡蛋面的时候放点昭通酱……只要有了这些食物，我和老公都能吃得酣畅淋漓，一扫心中的郁闷和烦恼。吃这些食物带给我们的幸福感远远超过了在西餐厅吃牛排、在自助餐厅吃日式料理、在咖啡厅喝咖啡或者是去吃什么冰淇淋火锅。

豆果说得好，生活就是一道菜接着另一道菜，家乡菜是我最爱的家常菜，而每天的家常菜才是最幸福的菜。

## 淘宝

勤俭持家型：年消费 500 元以下；普通青年型：年消费 500 元至 5000 元；铺张浪费型：年消费 5000 元至 1 万元；“剁手型”：年消费 1 万至 3 万元；“拉出去枪毙型”：年消费 3 万至 5 万元；“枪毙 10 分钟都不为过型”：年消费超过 5 万元以上。快看看自己是什么类型！

信用卡刷卡，快递小哥送礼物，好像不用自己花钱似的，感觉真爽。

标　　签：网络购物 淘宝 交易

基本描述：淘宝网针对移动设备优化的网络购物客户端。作为国内乃至亚洲最大的零售商圈，淘宝网的用户群覆盖了绝大部分的网购人群。不知从什么时候开始，“淘宝”成了网络生活的一部分。

实　　用：淘宝网商品搜索、浏览、收藏、购买、物流查询、旺旺在线沟通、历史浏览记录、店铺和宝贝收藏、历史交易记录等功能。支持分享到新浪微博、豆瓣，与朋友一起记录和分享购物的乐趣。

界　　面：简洁、易用，让“一入淘宝深似海，从此存款是路人”成为一种可能。

# SoundHound

“还记得许多年前的春天” “我在你的房间” “像荒草一样燃烧”，
“时而宁静时而疯狂” “把我捆住，无法挣脱”。
“这是颤抖的感觉” “就在这一瞬间”，
“我是如此的爱着你” “让我们再来一次”。
——呃，好像唱混了？

标　　签：　在线 音乐识别 猎曲奇兵 音乐试听

基本描述：　这是一款非常神奇的每次都想拿出来秀一秀的识歌软件，只记得调，或者几句歌词，对着话筒哼唱出来，SoundHound 就能在线识别出是哪首歌，奉劝自信过度且五音不全兼心理承受能力差的人谨慎尝试。

实　　用：　功放歌曲、哼歌、歌名、歌手名的语音都能识别搜索。开拓性的音乐探索功能。用邮件、短信和社交网络即时分享歌曲。播放曲目并同步浏览 SoundHound 上的信息，如歌词。领先业界的音乐浏览功能：歌手简介、视频、作品集、演出日期。

界　　面：　全新的音乐探索体验。全屏歌词和视频显示。支持横竖屏。

## 饮膳水记

腊雪水：味甘性冷。密封阴处，数年不坏。用此水浸五谷种，则耐旱。

露水：味甘性凉。百花草上露皆堪用。秋露取之造酒，名秋露白，香洌最佳。

天雨水：味甘淡，性冷。豪雨不可用。

梅雨水、半天河水、千里水、节气水、浆水……

而我们今天喝的是农夫山泉、娃哈哈、康师傅、雀巢、冰露……

什么时候水被异化成品牌了。

标　　签：图书 交互 画本 水文化

基本描述：《饮膳水记》是取自古籍，经整理编撰而成的交互型水源音乐画本。它通过有趣的文本故事和丰富的画面语言全面阐释了中国古代博大精深的水文化。

实　　用：《饮膳水记》用的木板雕刻风格的场景来表现古籍中关于水的文字描述，点击书页的边角会出现文字，而画面中的人物和景物也会款款动起来。以古朴而新颖的方式向读者传递古代的休闲文化，使读者在视听阅读的过程中获得知识，愉悦身心。书本最后“诸水有毒”的章节，亦是古往今来关于水文化经验的汇集。

界　　面：木版画的风格，古色古韵。

# Cross Fingers

需要经过几多障碍，
才能符合所谓的规则，
找到最短的线路和时间，
到达完美的境界。

标　　签：益智 解谜 七巧板 拼图 多点触控

基本描述：Mobigame 出品的经典益智过关游戏，锻炼你的大脑和手指。

玩　　法：把木条移动到规定的阴影部分，让他们完全契合。多点触控，适合单人游戏，进行手脑训练，也适合多人游戏，促进交流，增加游戏乐趣。游戏设有 570 个关卡，挑战最短解谜时间。

特　　色：画面精美，木质复古。可解锁街机模式。

# Nike Training Club

运动是洗澡、运动是睡觉、运动是伸懒腰；

运动是自爱、运动是自恋、运动是无法自拔；

运动是生活态度；

运动是一种价值观。

标　　签：健身 健美 瘦身

基本描述：Nike 训练营（NTC）是专为用户个人打造的全身功能性训练的运动训练指南 App，为你提供随时随地的个人训练师，让你拥有梦寐以求的完美体态。一应俱全，只待你的探索。

实　　用：提供 85 项量身打造的运动计划，帮自己打造窈窕体态、美丽曲线和强健体能。获得额外奖励运动计划，例如明星 Lea Michele、专业运动员 Shawn 和 Rihanna 的专属训练师 Ary Nuñez 等提供的训练。可利用详细的指导说明（图文、视频）和语音资料帮助完成 Nike 训练营的 130 项动态训练。选择一项与自己的目标最相符的运动计划。设定训练音乐，分享个人进度，赢取奖励。

界　　面：功能操作简易，让你充分享用各项运动计划。

## 星巴克中国

“我喜欢雨天，雨天没有人，整个巴黎都是我的，这是五月的下雨天……”
“他不说话是为了讨生活，我不说话是享受，不必和人沟通的兴奋……假装自己是个哑巴。”
这是传统咖啡店永恒的吸引力。
至于其他，我们或许都不曾想过，
有一天当我行走在路上，
想喝咖啡，突然就会有人送来一杯经典拿铁。
这才是我喜欢的咖啡店。

标　　签：星巴克 产品 俱乐部 LBS 社交网络 分享

基本描述：方便你与星巴克建立联系的 App。

实　　用：注册星巴克中国 App 用户，记录咖啡心情，分享温馨时刻；同步至社交网络，和亲友分享点滴乐趣。绑定星享俱乐部；查找离你最近星巴克门店；查询产品，发现你的至爱饮品和美食；加入星巴克。

界　　面：星巴克的用色，风格统一，界面友好。

## 我的咖啡馆

我要开一家咖啡馆，名叫 C－Café。

C 是 chat，一个聊天的地方；

C 是 cave，一个躲避的洞穴；

C 是 cat，像猫一样慵懒的生活……

我的店在一个深深的胡同里，是个二层的小楼，一楼是咖啡厅，二楼是工作间。店面外像是独院的住家那样围了篱笆，搭配着种植了许多绿植。一楼的窗户是落地窗，阳光好时就用暖色的透光窗帘挡住，门是古老的木材配上花俏的彩玻璃，没有把手。门的两边分别立着伞架和菜谱板。菜谱板上写着『主厨精选』和今天的日期。『C-café』的牌子是用黑色铸铁做的，就挂在门的左上方。 店内面积不用很大，能放四、五组沙发和桌子就可以了，但沙发一定要非常舒服，可以随时供客人小睡。我还希望养一只肥肥的、懒懒的猫，会一直趴在收银台那陪着我。

店里除了必备的咖啡外，每日的特饮、点心、菜品都会有所不同。因为他们需

要适应你的心情，被你吃掉，成为坚实而温暖的力量。这些都是在我的咖啡馆里能买到的东西。

除此之外，我有的、你需要的东西还有很多。

我的咖啡馆有一面书墙、一面照片墙，还有一个摆设各式收藏品的博古架。每个客人来都可以留下自己的书、照片、收藏和他人分享；当然如果你想要店里的任何一件物品，就必须拿出等价的物品来和我交换。你可以用愤怒的小鸟公仔换到一张老相片、可以用蝙蝠饰品换到店内的珍藏图书，我们不谈客观的金额，只在意彼此对价值的共识。

我希望经营的不是一般的咖啡馆，而是一处串联城市情绪的集散地。

# Dragon Dictation

尝试语音输入，假装把生活过得很科技，
恨不得 App 听懂了我的话，还能直接把事情做好了。
不可能停止羡慕拥有贾维斯的斯塔克（钢铁侠），
人工智能才是人生良伴。

标　　签：　在线 语音识别 中文

基本描述：　Dragon Dictation 是一款易于使用的语音识别应用，只要自然地说话，就能即时看到所说的话转成要发送的文字信息或电子邮件。事实上，如果能完全正确识别，语音识别的速度比在键盘上打字的速度快五倍，不过现实没有理想状态看上去的那么美。

实　　用：　Dragon Dictation 目前支持包括中文普通话，中文粤语、美式英语、英式英语、法语、德语、意大利语、西班牙语、日语在内的多语种的 33 种语音识别。
语音转成的文本可以直接发送短信、邮件，分享到社交网络或使用剪贴板复制粘贴为任意用途。
文字编辑功能可以提供智能选字建议。

界　　面：　简洁易用。

# GoodReader

什么都能读，只是最基本的要求。
除了能读的文件格式多，
还要开启文件的速度快，阅读体验流畅，
批注方便，同步方便……
可以好好阅读的 App 才是好的阅读 App。

标　　签：阅读 同步

基本描述：GoodReader 是功能强大的文件阅读器和文件传输工具。选择好的阅读工具，它将塑造你在移动设备上的阅读方式。

实　　用：它有能力处理巨大的 PDF 和 TXT 文件，双页显示，自动切边，100MB 以上的文件也能轻松读取。并内置编辑文本框、便签、线条、箭头和涂鸦的功能，方便给 PDF 加批注。支持主流文件格式的阅读，包括 MS Office 的 doc/ppt/xls、iWork '08/'09、HTML webarchive 和 Safari webarchive，解压 zip 压缩文件、查看大分辨率图片，还可以听音频和看视频。支持 iTunes 和 WiFi 连接导入文件，可以通过邮件附件导入文件，支持与谷歌文档、iDisk、Dropbox、SugarSync、box.net 同步，和任意 WebDAV、AFP、FTP 或 SFTP 服务器实现文件传输。

界　　面：主页面双栏显示，多种功能点击标题条切换。把庞杂的功能简化为简单的操作。

## 奇艺影视

最爱它的离线观看功能。

在地铁上反复看《绝望主妇》，一个人在爱恨情仇中纠葛，

全然忘记了身边的拥挤、嘈杂，还有“奇异”的味道。

标　　签：　在线 视频 奇艺 百度 离线 下载

基本描述：　奇艺高清影视是由百度旗下的爱奇艺专为移动设备用户提供网络视频播放服务的客户端，优质的视频内容与爱奇艺网站同步更新。

实　　用：　提供正版高清影视，多元影视频道涵盖电影、电视剧、综艺、音乐、纪录片、动画片、旅游、公开课等热门节目，其自制节目也很有特色。

支持视频搜索、播放锁屏，下载后离线观看等功能。

界　　面：　界面布局合理，片源和清晰度有保证。

# Discovr Apps – discover new apps

如何在浩如烟海、淡若浮云的 Apps 里面快速找到适合你的 App 呢?
超级推荐这个滚雪球式的搜索,
让你熟悉的 App 介绍它的朋友给你认识。

标　　签:　App 互动地图 搜索 相关 联想 推荐

基本描述:　这是一款智能化 iOS 应用程序查找工具，可轻松查找 iPhone 和 iPad 的新 Apps，搜索需要的 App，点击获得更多具有关联性的 Apps，可视化关联搜索，形成 Apps 互动地图。

实　　用:　只需搜索喜欢的 App 或从推荐的 App 中选择，便会在 App 地图上显示与其相关应用程序。在发现感兴趣的应用程序后，可双击阅读其描述、查看截图及评价，或跳转到 App Store 购买。可以把喜欢的 App 加入收藏和愿望清单，也可以通过社交网络或电子邮件与好友分享。

界　　面:　智能化界面，可以无尽扩展。

## 金山快盘

电子产品的最新资讯，跟同事分享，
研制出了新菜品，跟热爱烹饪的朋友分享，
娱乐明星的八卦，跟闺蜜分享，
本来觉得自己过得挺无趣的，没想到还有那么多迫不及待与别人分享的东西。

标　　签：　云储存 网络硬盘 文件传输 共享

基本描述：　金山快盘是金山公司推出的免费网络硬盘。在电脑上安装快盘后，能在移动设备上直接查看、管理电脑快盘上的照片和文档，无需中转程序或数据线。利用移动设备的浏览和阅读优势，体验移动办公的乐趣。

实　　用：　支持查看照片、PDF 文档、Office2003 和 Office2007 格式文档等，也可以用第三方应用打开。
查看过的文件，会缓存到设备里，断网时也能查看。
用全新的相册模式来查看照片，全屏看大图。
可以设置密码锁，不让别人看到。

界　　面：　简约而不简单。

# 有道云笔记

小时候暗恋个男生，用个上锁的小本写个日记，还要担心被老妈悄悄撬开；
住宿舍了，讨厌个谁，写个日记，害怕被同屋看见……
有了有道，爱写什么写什么，锁起来就好。

标　　签：　记事 日记 备忘 待办事项 日程管理 资料管理 网盘 云存储

基本描述：　有道云笔记是网易旗下有道搜索推出的笔记应用。利用云存储技术实现多设备笔记同步。功能很强大也很贴心，且不断地更新完善。

实　　用：　文本、拍照、录音、涂鸦、手写功能一应俱全，特别提下手写功能便捷犀利，是会比原笔迹还漂亮的手写输入。还有贴心的图像纠偏、文字增强、增量同步功能。目前有桌面版、网页版、手机网页版、iPad 版、iPhone 版、Android 版，跨平台多设备同步无压力。

界　　面：　色调清新。界面布局根据设备优化，iPad 支持双字书写，效率更高。

# 随性写作

记录于我来说是什么？

很重要。我称之为随性写作。

随性写作，会产生怎样的新鲜感觉呢？

我不想改。也没有其他读者。

原本写给自己看的东西会产生怎样的共鸣呢？我有些许的好奇，而更多的是压抑自己，不去想令人害怕的后果。手愈来愈疼了，我打字的速度还是不敢慢下来。思考的时间没了，我还能写出什么精美的对仗和排比呢？不逼自己符合任何的规则了，现在说的事情，是留给以后的自己，是给后来的验证留下依据。

今天坐公车上，看到公交站广告牌上有Intel的广告语，有两个字被一位等车客挡住了，我旁边有个女孩问问她妈妈被挡住的是什么字？“酷睿。”妈妈回答。女孩问：“真的么？”话音未落那位等车客就往一旁挪了挪，正好把“酷睿”露了出来，我跟着这对母女一起笑了。不需要提心吊胆、谨小慎微的时候，仅通过一个人往旁边挪一小步就获得了的快乐，却是很大的快乐。而这种快乐又是如此纯粹，没有半点期待的获愿，神奇的幸福感。

所谓的先见之明不过尔尔，在你需要的时候，它出现了。它如何在那儿的，那就是先见之明。

我把可能需要的东西都带在身边是先见之明，把最坏的状态考虑进去是先见之明。而今天最有先见之明的事情是写作，最没有先见之明的事情是写到手疼。

你写着没有读者的文字很轻松。有那么一刻，有人决定成为你自己都不会看一遍的文字的读者，有那么一刻有人阅读这些文字时感受到这些文字直达内心深处，无用的、无意义的文字由此开启了其意义真正实现的可能，打动读者。

可笑吧？明明没有什么读者，不该有也不可能有的。只是因为把这些文字打出来，或是拍下来，放到这里来了。

初衷改变了，也可能是不错的尝试。为了什么呢？

为了创造一个假象，欺骗自己，隐瞒别人？

这么有趣的事，就是随性写作。

不要对后果有所期待，便会轻易获得极大的快乐。

随时准备着为突如其来、漫无边际的想法和无目的性的奇怪念头做记录吧。稍有闲暇就考虑一下随性写作。想写的时候长篇大论，不想写的时候也逼迫自己描述自己的行为和状态。写作是具备治愈力的，自己与自己对话时效果最佳，当问出“你说是不是”时，都是心中已有了答案。

如果说随性写作有个最初的、直接的读者的话，那应该是写作状态下的作者。我在写的时候会担心自己以后再看就会看不懂，偶尔会加一些注释，但注释也可能是很难懂的，这种困境是其他的“偶发读者”也需要面对的吧。作者一旦离开了那个状态，或是心境发生了改变，都有可能无法理解那些文字了，更不用说产生共鸣，感同身受。

这是看似没有什么挑战的写作的难度所在——作者和读者的稍纵即逝。

而所停留的那片刻，便是文字的神秘魅力体现之时。

其中蕴藏的巨大冲击力和治愈力都是无从想象，难以表述的。

乐趣和意义并存的时刻并非随性写作行为本身，它的潜力来自于交互体验和再创造。

若是人能为文字的体验产生疯狂，那必然是随性写作。

他是个体在虚实之间的灵感，不加修饰的表达。即便作者有意识或是无意识地在掩饰，文字也能注入生命的力量，生命体验超越生活本身。

这些记录着我和他人生命痕迹的文字、图片、声音、视频，不出意外的话，会作为人类的知识储备被保存，这样随性写作本身的快乐也就得以升华了。

# Falling Stars

繁星罗布的夜空总是令人目光流连，不肯离开，
流星群坠也是世间难得一见的盛景，
星星的迷人还在于遥远至光年的浪漫，
而它们的坠落更诉说着长长远远的时间之歌。

标　　签：　音乐 创作 治愈 分享

基本描述：　这是一款令人爱不释手的星辰坠落般唯美和浪漫的音乐治愈游戏。在几种不同的带叶树枝和藤条中选择，手指描绘的地方就会开枝散叶，而从光点中坠落的星辰露水就会与你绘制的枝条相遇，碰撞出不一样的音色。

玩　　法：　绘制藤条，点击星辰，自然奏出美妙的音乐。
邮件分享音乐。

特　　色：　画面唯美。音色悦耳。治愈佳品。

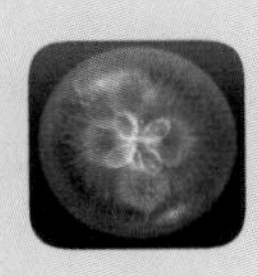

# Osmos

曾经擦肩而过，

曾经漠然回身，

不是对你无动于衷，也不是和你有缘无份，

我们终究会在一起 —— 等我长大以后。

标　　签：益智 动作 敏捷 吞噬 大鱼吃小鱼 星球 多点触控

基本描述：一款在平板电脑上表现极佳的带点魅惑的游戏，游戏过程步步惊心，而画面效果也是摄人心魄。游戏概念简单——成为最大的那一个，多点触控支持双指缩放和三指调出菜单。

玩　　法：通过释放出自身的一部分，来推动自身反向运动，沿途碰到的比自己大就吞噬到自身长大，有些长的不一样的相遇后相互抵消或产生其他效果。操作简单，一只手指点，向反方向运动，点得越快，速度越快，消耗越大。

特　　色：唯美音乐，唯美画面。体验惊心的星噬吸收视觉效果。

# Tie Right

左右左右，右左右左，上下右上啊不是，是上下右下，打个结。

“这位童鞋，你打的是瓶口结、丁香结、渔人结、水桶结还是眼环结？要不就是卷转结？单索花？双索花？难道是传说中的……”

“那个……我就是打个领带。”

标　签：　实用教程 领带打法 图片教程

基本描述：　如果你还在努力做一个“成功人士”而不得其法，有了 Tie Right 至少不会再为打领带而犯愁。这款 App 详细图示领带打法过程而不著文字，正经、靠谱地教会你打领带。

实　用：　包含五种领带打法和一种领结的打法，有镜面图示和向下看图示两种，角度周全。还有一些贴心小提示。

界　面：　灰黑色基调。图示可手动翻页或自动播放。

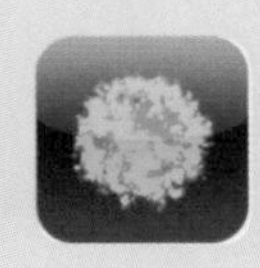

## Super Powers

到后来，眼神也随了光斑的弧线逸散，

或许早已分不清现实还是幻梦。

只道是，

冬一场，夏一场，烦世喧嚣各自忙。

盲词荒腔，尽吹散，那年草长。

标　　签：休闲 唯美 治愈 多点触控

基本描述：Super Powers 是一款出色的多点触控、交互式休闲游戏，独特的视觉特效体现了科学和艺术的完美结合。内置 100 个视觉特效，10 首放松音乐。

玩　　法：多点触控。手指随意地画过屏幕，视觉特效便展现出它的神奇姿态。

单指双击更换特效，双指双击更换音乐。

点击屏幕四角，调出菜单，选择视觉特效、音乐和静音。

设置静音后，支持 iTunes 歌曲后台播放。

特　　色：视觉特效千变万化，音乐令人凝神放松。治愈佳品。

## 真心话大冒险

选真心话还是选大冒险？
殊不知你已经陷入了一个谜局，
说真心话就是最大的冒险。
呃——

标　　签：　真心话大冒险 诚实与勇敢 桌游

基本描述：　聚会喝酒的时候玩真心话大冒险，想不出有意思的问题？想问的问不出口？拥有这款 App 可以解决玩游戏时的诸多难题，加快速度，提高温度。

玩　　法：　设有“真心话”“大冒险”“来点刺激的”“来点更刺激的（原来这就是惊喜啊）”四个复选框，针对不同的场合勾选不同的选项，“惊喜”应被打上“少儿不宜”的禁圈。快来晃动手机！
由衷希望所有人运气好一点，美梦成真。

特　　色：　摇一摇，让手机帮忙问。
定期更新劲爆题目。

# Cosmic Boosh

宇宙的生存法则，是一撞即毁，只有不停战斗才能能量守恒。
释放一次能量即衰弱自己，蓄力之间遇敌则亡。
惧怕的不是以一敌众，而是威胁接踵而来。
人生的启示，也在于此吧。

标　　签：　重力 触控 动作 敏捷 爆炸 收集 过关

基本描述：　一款规则简单的重力动作游戏，却有哲学的意味在其中。在漆黑的空间里游来荡去，被敌人围追堵截，唯有自爆来求夹缝间生存。

玩　　法：　控制蓝色的你，引爆自己，冲击近处的敌人。不能与任何敌人直接相撞。
重力模式为点击爆炸，触屏模式为松开爆炸。
三条命，清理全部敌人过一关。搜集空间气体可以加分。

特　　色：　两种操作模式：重力、触屏。
吃到三种道具获得短暂的特殊能力：加快恢复速度、更大爆炸范围、无敌。
游戏规则简单，对操控要求高。

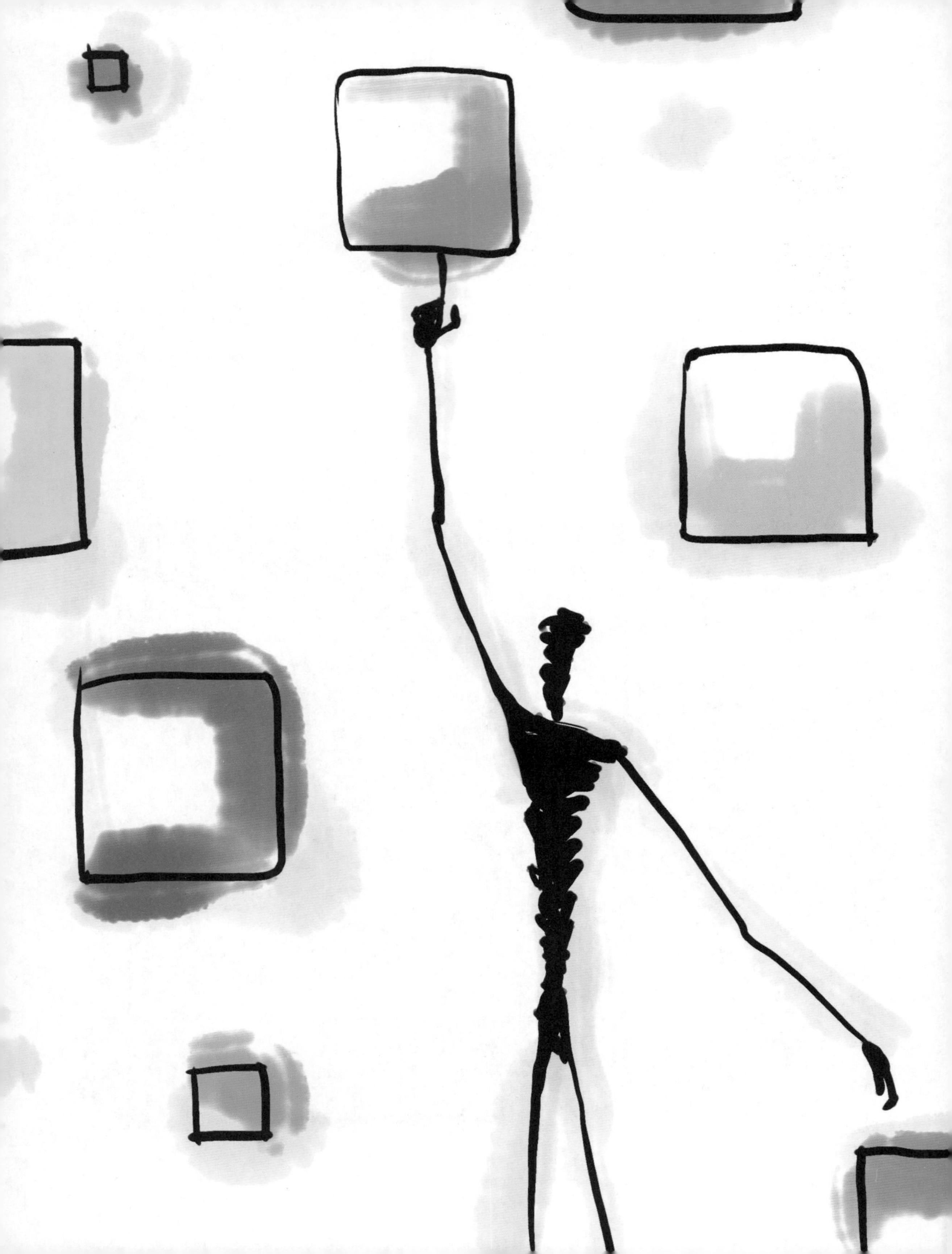

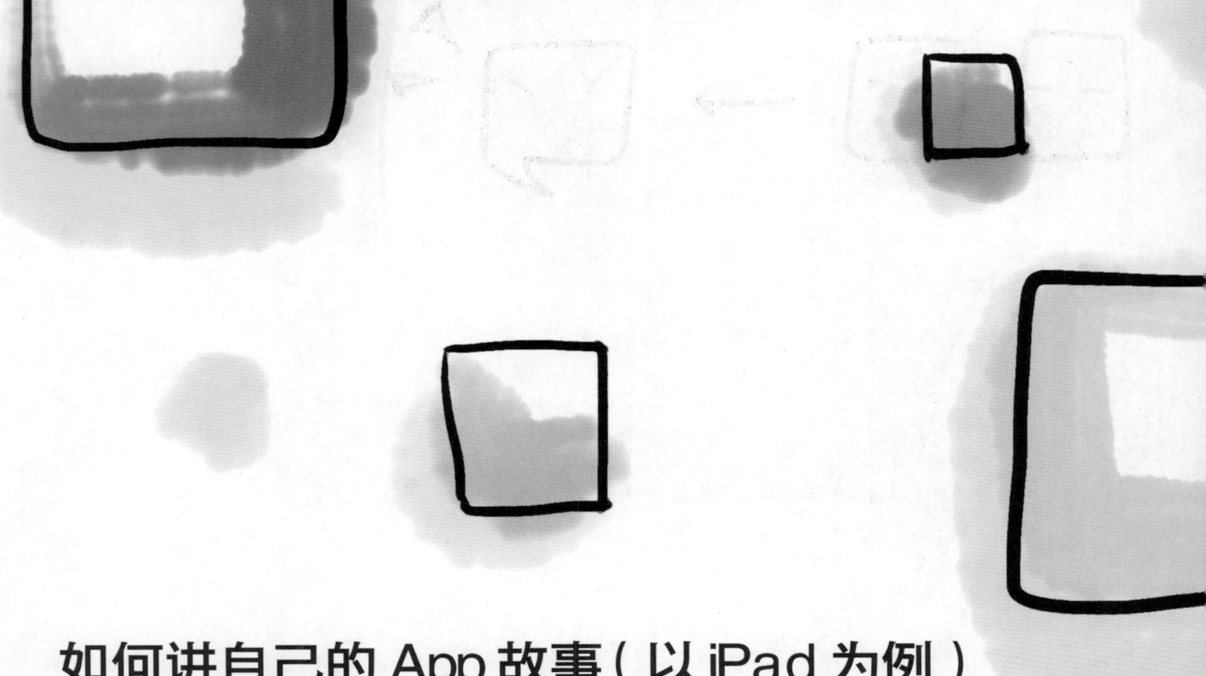

# 如何讲自己的 App 故事（以 iPad 为例）

按照某种规律用 Apps 排列组成的桌面，它可以是便签条或是心情日记，也可以是名片等用于展示的内容。

制作 App 故事的动态过程——搜集各种图标作为符合内在的审美需求的元素进行排列组合，可以是经营类或是养成类的游戏，是实现和完成自我表达的治愈过程。

App 故事是在把 iPad 的桌面管理本身变成一个 App。这个 App 可以激发无限的创造力和治愈的可能性。

制作只要轻轻翻页就可以感受到愉悦的 App 故事，是与移动设备实现交流，与其成为精诚伙伴，是妙不可言的体验。

**步骤**

- 获得喜欢的 App，并且考虑自己的故事。
- 考虑故事，让它适合用 App 图标来讲述。
- 在桌面上安排 App 图标完成故事。
- 为 App 故事编写短文，配上合适的背景图让它变得更精美、更好读。

**配以“文字”来讲 App 故事**

（1）文件夹的名字。文件夹名称在桌面上可以完整显示 6 个汉字，点击进入文件内部可以完整显示 7 个汉字，长按进入编辑状态可以显示更多。

（2）搜索页的文字。搜索页可以保留尚未进行搜索操作的文字。

（3）桌面背景上的文字。这可以称为图标位置之外的空白，是无限制的自由创作面积。

**配以“音乐”来讲 App 故事**

（1）iPod 或是其他的音频播放 App，或许读这个 App 故事需要一点配乐。

（2）创建网页的桌面快捷图标，进入 Safari 获取配乐。

**配以“视频”来讲 App 故事**

在恰当的位置，放置一个视频 App 或是创建网页的桌面快捷图标，提示读故事的人去点吧。

**配以“图片”来讲 App 故事**

（1）利用 Safari 的“网页快捷方式到桌面”来创建想要的图标画面。

（2）桌面背景图。给 App 故事的延展带来无限可能。

第二个故事：

# 我的一天，也是我的每一天

QQ
Frame Magic
CloudReaders
Pics
地铁中国
微博
Halftone
iWeekly
百度搜索
FIT™ 写字板
Beep Me
Stand O'Food
Keynote
欧路词典
iShuffle Bowling 2
Fingle
Alarmed
PvZ
文怡家常菜
iLunascape
Swampy
QQ 音乐
iReader
Sleep Well

“啦啦啦，啦啦啦，我是卖报的小行家，耐饥耐寒地满街跑，吃不饱睡不好，痛苦的人生向谁告，总有一天光明会来到。”

我是光棍上班族，这是我的叫早歌。闭着眼睛听完一曲，大脑恢复辨物能力，起身去摸手机。今天不是收心最苦的周一，也不是玩心最大的周五，而是最没有希望的星期三。下午预约去客户公司开会，所以会是忙碌的一天吧。

点开即时通讯 看看我睡得昏天黑地之时有谁在加班吐槽。白天的风光永远少不了夜晚的支持，精力是，工作更是。

透过阳光射入玻璃窗的光晕 看出去，今天的天气 不错。在空气状况各种不如意的北京，还能看到这样的蓝天， 心情顿觉舒畅。

7点半起床，8点出门。小区门口买个鸡蛋灌饼，边吃边走到地铁 。与密集的人流汇合到一处，缓慢地移动进站台，排除万难挤上了一号线。

在时断时续的信号中刷微博 ，感觉是批阅各地呈上来的奏章，君临勒个天下，尽管我身后那位大叔的手肘都快把我的背压断了。身边又传来每天必不可少的“谁踩到谁的脚”的争吵 ，我真心想大叫一声“淡定”。

又到了一个换乘站，轱辘辘跟着人群下车，我直了直腰，加入地狱大换乘，顺利登上十号线。还有半个小时才到站，再看会 iWeekly 吧。凭借这本奇书，我一直引领我们公司的时尚话题。

9点多进了办公室，屋子里都坐满了。我暗自笑道，难得大家到得如此齐整，难不成是昨晚没完工，打算上午努力吧。我开机检查邮件，撕开两袋咖啡，开始整理早会的资料。有同事敲我求助，他下载不到某条需要作为参考片的视频。我搜出来把链接扔给他。作为资源帝，谁遇到不好找的图或视频之类的参考资料，就会敲我求助。其实我只是略懂如何使用搜索罢了。

10点默默走进会议室开会，核对客户的最新要求，分小组干活，为下午见客户做准备。

那么多年了，我们在客户眼里永远是没头脑，而客户在我们眼里永远是不高兴。而为了提案，我错过了中午的饭点，只能叫垃圾食品的外卖，三口两口吃完，继续干活。

下午我们组队前往客户公司提案，一切还算顺利。我们例行微笑着听取客户的建议，回答他们的疑问，当然还有少不了的“接下来”需要修改的问题，我们协商讨论后确定修改方案。在我看来，其实“没有完美的提案，有的只是恰到好处的提案”，就像是保龄球和沙弧球的结合，既要击中全部目标，还要停在范围内才可以过关。说起来，不仅靠实力和技巧，也要有那么一些些的运气相助。

从客户公司走出来，已是红日西斜 ，如果是一般的状况，我们回到公司后会继续干活，直到时间 分分钟过去，再次错过了晚饭时间，而我也会饿得面色枯槁 ，形神俱削。我几乎可以看到头儿说“集体叫个外卖吧”的场面，太过熟悉以至于无力吐槽。但是，我依然会在无数次地嚼着方便面或是啃着干面包的时候，幻想着回到家有田螺姑娘 给我准备好晚餐。

虽说今天的工作比较顺利，不用加班到“集体外卖时间”，不过也难逃披星戴月回家。到家后，咚咚锵锵给自己烧顿久经“试验”已经略有所成的“好饭”，端到电脑前，边看剧边吃。吃完了就刷微博，改方案，被老友敲到闲扯几句，碰到前前女友更新状态就祝福两句。

睡前冲个热水澡，胡乱打理下本就不怎么光鲜的脸面。听个小曲儿，随便翻开本书助眠。

不曾想，我在头和枕头接触的瞬间就睡着了。

希望能做一个平安梦。

# App 推荐

# QQ

我们每天醒来做的第一件事是睁开眼睛。
一目十行，目不暇接……是我们每天用眼睛在阅读。
顾盼生辉，目瞪口呆……是我们每天用眼睛在表达。
我们每天在使用即时通讯工具和社交网络。
我们像离不开眼睛一样离不开社交 App。

标　　签：即时通讯 社交网络 推送提醒 应用聚合 视频通话 语音对讲 内置浏览器 云同步

基本描述：我们在电脑和手机上用惯了的即时通讯工具 QQ 也有了优化的客户端。聚合了 QQ 空间的社交网络功能和 QQ 音乐，可后台播放音乐。

实　　用：支持视频聊天、语音对讲、涂鸦功能；支持动态表情、图片的收发；支持与移动设备收发文件，并支持查看常见格式的文件；内置 QQ 空间、内置 QQ 音乐；支持换肤、天气功能；支持后台保持在线及新消息推送功能；支持多设备登录管理、快速注销。

界　　面：界面华丽，滑动关闭窗口，功能键设置合理，操作便捷流畅。支持横竖屏。

# 岁岁有今朝

我迷迷糊糊地听到QQ提示我有留言叫早，“祝你减肥就减胸，加班不加薪。”我只好立马清醒，回复我最亲爱的闺蜜大人。“我知道你想说的是：增寿不增重，升职再加薪。”

今天是我生日，从今天开始我再报岁数就要“3”打头了。起床、洗漱，看着镜子里的自己自艾自怜了10秒钟。立马拍醒自己飞速吃早饭、换衣服上班去。嗯，30岁了，要对自己更好一点。

上午照例到了公司，打开电脑，钻进我的工作里。QQ的提醒不断：爸妈说给我汇了零花钱，让我喜欢什么自己买；闺蜜们陆续留言骚扰我，朋友们的祝福也很多，我抽空一一回复。过生日么，在这个年纪早就不是什么令人欣喜的事情了，但是配合大家是必须的。这年头，心怀感恩、知恩图报很重要。

虽然尚不知道我的那个Mr. Right身在何方，但是我身体健康、工作尚好，再加上通情达理的父母和志趣相投的朋友，想不快乐都很难。30岁有什么关系，大S 35岁领证，刘若英42岁结婚，而我最爱的陈绮贞至今也还是未嫁身。自己活得开心、活得精彩才最重要。

在QQ上迅速敲定几场约会，中午和要好的同事喝咖啡吃蛋糕，晚上约了一帮朋友去吃日式自助餐，完事后准备悄悄地和闺蜜们溜到三里屯Village，泡吧喝酒，庆祝我的30岁，祝福我的每一天。

## CloudReaders pdf,cbz,cbr

电子云的概念来自于量子物理学，它有着概然性、弥漫性、同时性等特点。
云计算简单来说就是“无所不在的计算”。
那云阅读就是“无所不在的阅读”。
“云”不仅仅是信息储存和传输技术的革新，也是我们的学习和实践的革新。
让我们做云中的阅读者，
用全感官来体验阅读和创作。

标　　签：阅读器 PDF CBZ ZIP CBR RAR

基本描述：Cloud Readers 是一款非常实用的书籍和漫画阅读 App。界面极简，功能纯粹而强大。可以通过 WiFi、邮件附件和在其他 App 中选择以其他程序打开等方式导入书籍。另外可以在 App 内部购买 P2P 文件传输功能插件，实现设备之间的蓝牙传输。

实　　用：阅读利器。支持 PDF、CBZ、ZIP、CBR 和 RAR 多种格式文件直接阅读，本地视频和本地音频 (H.264, MPEG-4 和 MP3) 的全屏播放。
以标签管理的方式将文件进行分类管理。

界　　面：极简风格。按钮图标指示明确，没有中文界面，但无须理解文字部分即可明白操作。全屏阅读体验流畅。进入阅读界面后可以按照用户的阅读习惯，一键切换书籍的左翻 / 右翻。

# Pics – 密码相册，照片分类、共享、导出

这是个有图有真相的时代。而很多时候有图比有真相更重要。

这是个保护个人隐私的时代。而很多时候保留个人隐私只是一种奢望。

或许我们可以通过想方设法地偷窥他人，来练就谨小慎微地保护隐私的本事。

每天总是有各种途径得知自己设置的密码不够安全，

还需要二代密保、手机验证、身份信息……

而且为文件保密只有一个密码是不够的，

还需要一个可以混淆视听当挡箭牌的诱骗密码，

最好还能有个一经输入即销毁数据的审判密码。

——秘密太多，永远都来不及藏。

标　　签：文件加密 文件管理 照片 高清视频 隐私保护

基本描述：Pics 是一款革命性的照片管理软件。不仅能够快速导入照片和高清视频，有效地管理它们，在华丽的界面里浏览它们，还可以把它们锁起来，不让人找到。

实　　用：全屏欣赏拍摄的照片，将它们放在不同的相册里，并设置密码将它们锁起来。甚至可以将相册放到其他加锁的桌面，让即使很亲密的人也不知道它们的存在。可以通过 WiFi 网络轻松而便捷地把照片和视频下载到电脑上，或者是将它们打包上传到移动设备上。

界　　面：适合图片浏览的界面设计，滑动手势翻页，“让照片飞一会儿”。
用户可以自定义文件夹封面颜色和图片。

## Frame Magic

社会的经验让我学会怀疑，不相信魔法。
成长的经历让我学会务实，不相信奇迹。
但其实每天我都还在不断尝试，让自己看到一个不一样的世界。
一样的元素，结构不同就是完全不同的物质。
一样的视角，结构不同就是完全不同的作品。
一样的生活，结构不同就是完全不同的人生。
或许我还是相信魔法，相信能让自己的世界变得美好的奇迹会出现。

标　签：拼图 修图 画框 分享

基本描述：Frame Magic 可以将多张照片组合成一个美丽和优雅的整体。提供有限但是精选的边框素材，给用户更多的自定义选择，创造出可以产生无限可能的拼图魔法。

实　用：Frame Magic 提供 68 个边框背景布局。边框属性调整非常灵活，包括圆角、边缘宽度、阴影、边界线、背景颜色、背景图案和自定义背景图的调节。
内置强大的 Aviary 照片编辑器——整合了强化、效果、方向、裁切、亮度、对比度、饱和度、锐度、消除红眼、漂白和清除污点的修图功能，还可以加入文本和直接手绘。
可保存图片至本地“照片”App（多种图片质量可选），发送邮件，发布到 Instagram，分享至社交网络。

界　面：功能键清晰易懂。操作简单自由。

## 地铁中国 –TouchChina

在地铁里阅读北京，

每天早出晚归，地铁里总是熙熙攘攘。有一天偶然在地铁里发现这样一幅图，圆明园遗址配上郁达夫的短文《故都的秋》：

“在北平即使不出门去罢，就是在皇城人海之中，租人家一椽破屋来住着，早晨起来，泡一碗浓茶，向院子一坐，你也能看得到很高很高的碧绿的天色、听得到青天下驯鸽的飞声。”

霎时间心境通明，不由觉得春如四季的北京也是值得忍耐的。

自此以后，就习惯随手拍下地铁里的各处风景，那就是我们平常人每天看到的北京。

标　　签：　地铁 地图 导航 离线

基本描述：　中国地铁换乘指南。已覆盖北京地铁、广州地铁、南京地铁、上海地铁、深圳地铁、香港地铁等需要复杂换乘方案的城市。离线使用、操作简单、模糊搜索、精准换乘、短信分享、即时更新。

实　　用：　查看国内主要旅游城市地铁的详细线路图，支持出入口模糊搜索，可定位查看最近的地铁站。线路搜索页面增加线路概况，包含途经站点或换乘站点次数、行程耗时、票价等信息。

书签列表页面增加图标，以便于区分收藏的线路和站点。

支持短信分享换乘线路给好友，无需复杂查询即可给朋友指路。

准确的地铁班次和首末车时间，对具体班次到达具体站点进行时刻查询。

界　　面：　界面简洁，操作简单易懂。

## 微博

传统的阅读和写作展现出了新的面貌，利用化作碎片的时间即可完成短阅读和写作，极大释放阅读的同时，也极大释放了写作。
短阅读和写作都需要想象力的极大激发，全感官的充分配合。
微博的阅读和写作摒弃了文字的长度，但没有摒弃技巧和深度。
生活化和直指人心是主要的创作特点。
用户自发的微小说、段子、各种体的创作实践，使短阅读和写作深入人心。

标　　签：新浪 微博 官方

基本描述：新浪微博官方客户端，分享微博改变你的生活。享受移动设备独有的触控体验，集阅读、发布、评论、转发、私信、关注等主要功能为一体，随时随地与朋友分享身边的新鲜事。

实　　用：支持多账号登录，切换便捷。用户信息与网页版同步。实现动图、音频、视频的本地播放，极大优化了用户体验，可以便捷地拍照并上传图片，添加地理位置。内置网页浏览器。

界　　面：界面友好，淡雅简洁，操作简单快捷。
三栏式的布局设计更适合在平板电脑上使用。
用户可以自定义“第三栏”桌面快捷方式和背景图片。

## iWeekly 周末画报

手指的点击和滑动替代了重复的翻页。

高清的图片，精美的排版，可以直接点击播放的视频，

制作精美的杂志专题，令人赏心悦目，口味大开。

这是“一本”活色生香的杂志。

这是“一本”需要调动全感官来阅读的杂志。

标　　签：周末画报 电子杂志 博客阅读

基本描述：《周末画报》是全球领先的中文生活方式媒体，创刊于 1980 年，至今已有 29 年历史，最高发行量高达 150 万份。iWeekly 采用了全新的设计与内容定位，利用平板电脑的互动性和表现力，呈现出拥有上佳视觉体验的杂志内容。支持离线阅读（在 WiFi 环境中下载所有内容后即可离线阅读）。

实　　用：“每日全球图片故事”每日新读，思想与感官的双重盛宴。

“封面专题” 为《周末画报》、《LOHAS》、《NUMERO》等中文杂志中的精选文章。

“收藏 & 分享”支持收藏，支持邮件和微博分享。

界　　面：界面非常友好，操作简单快捷。阅读流畅，视觉效果好。各板块风格统一，华丽时尚。

# Halftone

复古。

永恒的时间。

循环往复的日常。

经历相同的场景和对白。

日常的照片化为美式英雄漫画。

平凡化为神奇，家常便饭变得喜闻乐见。

标　　签：　特效 修图 分享

基本描述：　Halftone 是一款将照片修饰为美式漫画的影像风格的摄影修图 App，为你的照片增添或复古或柔软的气氛。

实　　用：　丰富的纸张特效配合可以微调的细腻的减调效果所生成的图片效果令人眼前一亮。可保存图片至相册，发送邮件，导出至支持的其他图片 App，分享至社交网络。

界　　面：　黑色怀旧界面，按钮简洁，无须理解文字也可操作。操作流畅，渲染效果佳。

## 记忆修图

这阵子有了 Halftone，我开始迷恋把朋友的照片弄成美漫的样子，编排些搞笑的小故事，跟同事和朋友分享一笑。尽管自己极少阅读美式英雄漫画作品，但对美漫强烈的绘画风格很是欣赏。能把自己周遭的景色、人物照片调成半色调的印刷风格，加上对白、爆破效果和速度线真是乐趣无穷。还有一些老旧的纸张的质感可以选择，模拟打印在纸张上的效果，而且上面沾染了水渍，析出了黄斑，平添了几分凝视历史人物的味道，脑补成从未来穿越过的物件也毫无违和。

修图可以把瑕疵品变为美玉，把丑小鸭变成白雪公主，但那也只是看着图一乐呵。虽说现实不能像 Photoshop 的广告里那样拉出工具栏就能把脸色调亮，多建几个图层就能轻松换装，但记忆却可以是幻觉和现实的融合。快乐的最好方法就是把存盘的记忆也旋转、剪裁、调亮度、调色调，加上炫目的特效，再转存个高分辨率，把无法格式化的糗事统统一键美化了。过上有多少不如意的篇儿都能轻松地翻过去的豁达人生，带着与看一眼都能乐出来的自恋照片效果一样的愉快记忆，百折不挠，勇往直前。

## 百度搜索

从搜索行为发生的一刻开始，从搜索过程中的一刻开始，
从搜索到结果的一刻开始……
“路漫漫其修远兮，吾将上下而求索。”
搜索是人生路的真实写照，搜索历史标识着人生轨迹。
路在脚下，立即搜索。

标　　签：搜索 语音搜索 浏览器 App 聚合 百度输入法

基本描述：百度搜索是一款便捷实用的手机搜索应用。依托百度网页、百度图片、百度新闻、百度知道、百度百科、百度地图、百度音乐、百度视频等专业垂直搜索频道，帮助手机用户更快找到所需。

实　　用：搜索历史、搜索建议帮助用户简化搜索输入。语音搜索让你无须动手即可完成搜索。集成百度手机输入法，强大词库和智能联想方便快速输入。
支持将搜索结果中的百度数据开放平台信息添加到应用首页的 Ding，方便用户浏览及搜索日常信息。集成百度贴吧、百度新闻、百度风云榜、百度小说、百度应用等手机端常用服务，快速浏览热门站点资讯。
支持用户设置个性化壁纸，可以将自己喜欢的照片、图片设为应用桌面壁纸。

界　　面：简洁优雅。一切从搜索开始。

# FIT™ 写字板－极速个人记事工具

智能联想出的词汇、短语、句子，减轻了我们输入的工作量，
也让很多表达变得统一而容易识别。
可以说，输入法培养了我们的表达习惯。
可以说，输入法是我们每天分享最多想法的对象。
我们希望它更个性化、更友好，适应自己的需求，却从不打算舍弃它。
输入法是知道太多的朋友，不可多得。

标　签：记事 FIT 输入法 云同步

基本描述：FIT ™写字板是由 FIT 输入法团队精心打造的一款简单快捷的个人备忘记事工具，让你的移动设备不用越狱也可享受 FIT 输入法所带来的中文输入快感。FIT 会员账号登录，一键云端同步，让信息在不同客户端之间无缝传递。

实　用：内置五笔、K9、双拼、全拼、笔画以及 emoji 表情键盘，在极大提升文字输入效率和乐趣，配合快写工具栏，便捷编辑文字的同时，可以使文档结构更加有条理和容易阅读，一键极速发送至邮件、短信、剪贴板、日历。

界　面：界面简洁，功能键设置合理。记事方便。

# Reminders and tasks made easy with Beep Me

“我的记忆力不好！”

也不是纯粹在为自己的健忘开脱，不过这句话还是时常挂在嘴边。

每天都有很多的事情需要安排妥当并且及时处理。条理清晰、状态好的时候都不一定能全部记得、按时完成。稍微忙碌起来，心中不免打鼓，又要过丢三落四的日子了。最重要的事情不敢忘，反复想。某些事记得越清，其他的事情忘得更快。

今天的、明天的、每天的、每周的、每月的……待办的任何事情，都可以先记下来。就算忙到忘记查看，也会收到提醒。原本因为需要思考更重要的事情而忘记了的事情，如今都在它们的位置上等待着被妥善地处理好。

标　　签：　提醒 待办事项 闹钟

基本描述：　Beep Me 是供日常使用的方便快速、简单易用的待办事项 App。

实　　用：　Beep Me 可让你轻松快速地完成提醒设置，只需两个步骤：写下简短备忘并设置提醒时间。实用优先，最简单也最有效。

支持邮件导出提醒。可以通过 SugarSync 或 Dropbox 云端备份提醒并在新设备上恢复。

界　　面：　界面布局合理，色调温暖。操作极其便利。

# Stand O'Food® 3

口腹之欲，心口相对，以食为天。
即便的确因为“超大号的我”等健康危机而深感恐慌，
面对垃圾食品还是会间歇性产生无法自拔的渴望。
化身汉堡小哥疯狂快速地做着各种汉堡配餐，
是能将这种欲望消除呢，还是助长呢？
所以说，玩游戏是放松心情，下决心吃些不怎么健康的快餐
是纵情欢乐。

标　　签：　模拟经营 时间管理 汉堡 快餐 连锁店 连锁店 G5

基本描述：　G5 Entertainment 出品的一款令人激动的快节奏模拟经营游戏。最受欢迎的汉堡售卖游戏续篇，大厨 Ronnie 将汉堡快餐连锁店从家乡拓展至 Tinsel 镇，在那里他将遇到 Nikki 和 Clarence，并且会打乱邪恶的 Torg 先生的复仇计划。他在 Tinsel 镇全镇开了 25 家餐馆并亲自管理，用健康快餐服务顾客。

玩　　法：　按照客人的需要在短时间内制作不同配方的汉堡，另有添加恰当的酱汁等操作可以提高奖励。

特　　色：　全城 25 家餐馆，每家都有完整的菜单。使用超过 18 种特殊酱料，掌握全部 90 种烹饪方法。还添加了薯条、冰淇淋、咖啡和苏打水。5 种背景，75 个等级，12 个奖励等级。解锁超过 33 种成就，以获得“专家”地位。

## Keynote

这就是苹果版的 PPT。
人常言，没有 power 就没有 point，
但我觉得是没有 key 才没有 note。
无论是表达什么还是讲述什么，
最重要的是抓住关键（key），
技术是依托，idea 才是核心。

标　　签：　办公 演示文稿 云同步

基本描述：　Keynote 是专为移动设备设计的功能极其强大的演示文稿应用程序。完全针对 iPad、iPhone 和 iPod touch 构建，使创建包含动画图表和过渡效果的演示文稿变得如此简单，只需触摸和轻按即可。

实　　用：　使用选取的幻灯片母版、动画效果、字体和样式选项来设计自己的演示文稿。
查看和编辑 Keynote '09 或 Microsoft PowerPoint 演示文稿。
配合 iCloud 使用，演示文稿将在所有的 iOS 设备上保持同步。

界　　面：　华丽流畅的触屏操作体验。

# 欧路词典

乡愁（nostalgia）的发音像极了“那是他家”。
药店取名为嘉事堂（cachet）原来是因为 cachet 指的就是【药】胶囊。
把爱情说成“love”总是太肤浅了，讲成“affection”自然显得有文化。
我们用语言交流，时刻都在为想要表达的意思遣词造句，
同时也在为理解他人的表达而绞尽脑汁。
我们为交流而学习，为学习而使用各种工具书。
因为语言的表达和理解要求我们不仅需要看到现在，
还要看到过去和将来。

标　　签：　词典 工具书 划词翻译 离线词库 在线发音

基本描述：　欧路词典是移动设备上超实用的词典应用。

实　　用：　首创划词搜索功能，可以一边看网页，一边对里面的单词进行翻译。
提供多国语言的堆量词库下载，查词无需联网，发音功能在联网下载免费的语音库后亦可离线使用。支持单词、整句真人发音。
提供电脑端词库编辑器，支持自制扩充词库。
强大的同步功能，可以通过网络在线同步学习记录。

界　　面：　界面友好，简洁优雅。

# 沙弧保龄球 2 iShuffle Bowling 2

沙弧球加保龄球是沙弧保龄球。

绿茶粉加冰淇淋是暴风雪。

晚装加牛仔是混搭。

iPhone 加 Mac 是 iPad。

电影加广告是微电影。

Everything is a remix!

标　　签：　休闲 游戏 娱乐

基本描述：　通过沙弧球的方式进行保龄球的对战，可以单人进行游戏，也可以和朋友一起挑战比赛。

玩　　法：　在屏幕下方可以左右平移沙弧球，可以改变发射角度，往上划过屏幕可以将沙弧球抛出。

挑战不同难度的技术打法。在弹弓模式中，可以使用弹弓将沙弧球弹出，有不同乐趣。

特　　色：　真实准确的 3D 物理，控制简单，但又充满挑战。

保龄球比赛成绩自动统计。

## Fingle

数字时代解放了人的大脑，却给手加重了负担。
人们使用电脑和手机即可轻松完成原本很麻烦才能实现的事情。
与此同时，现代人要花更多的时间用手指敲敲点点，
可以说是一个全面指尖化的时代。
跳一曲指尖探戈，为时代地位越发重要的器官——手——做个放松运动。
伴着音乐，轻划手指，也能如《谈谈情，跳跳舞》中的人物一样陶醉其中，
何乐而不为。

标　　签：　益智 休闲 游戏 双玩家 互动

基本描述：　十指全用的益智游戏，由于提出双玩家亲密互动的概念而在情人节之际备受追捧。

玩　　法：　两名玩家拖动不同颜色的按钮到指定位置。游戏过程中无法避免手指的接触，创造手指间的亲密时刻。

特　　色：　50 个以上关卡，挑战你的手指与大脑。
70 年代的音乐与视觉风格让你身临其境。
多点触控，运用十指进行游戏。
打破隔阂，使朋友间更加亲密。享受大笑的喜悦，或是开始一段浪漫。

# Plants vs. Zombies

你为什么那么爱僵尸?
不厌其烦地看着摇头晃脑要吃掉你的脑子的僵尸们，
迷恋僵尸电影、僵尸小说、僵尸的万圣节装扮……
僵尸达成你对未知危险的想象?
还是，你的骨子里渴望行尸走肉的生活，
所以，你在梦中有过与植物大战的景象。

标　　签: 策略 塔防

基本描述: 一群有趣的僵尸正在你的庭院外垂涎三尺。不用怕！豌豆射手、坚果与樱桃炸弹等植物是你击退僵尸的得力伙伴，灵活运用植物们的各种特殊能力才能让僵尸止步于你的庭院。

玩　　法: 用植物们排兵布阵，击败入侵的僵尸。要尽量收集阳光才能种更多的植物哦！

特　　色: 征服冒险模式中的全部50个关卡——白天、黑夜和浓雾，在泳池里或在屋顶上。与撑杆僵尸、潜水僵尸还有雪橇车僵尸等共26种僵尸战斗。每个僵尸都有他们自己的独特能力，所以你需要敏捷的思维和更聪明的种植才能立于不败之地。
获得49种强力植物，赚取金币来购买道具以及更多神秘物品。
36个成就等待你来征服，证明你在僵尸面前无所不能。

# Alarmed ~ Reminders, Timers, Alarm Clock

每天早晨你愿意被什么声音叫醒。
一段英语短文，据说能迅速清醒并集中精力？
一段鸟叫，据说能有鸟语花香的好心情？
对于我来说，最好的闹钟是永远不响的。
只有睡到自然醒，我才能集中精力，一天都有好心情。

标　　签：　闹钟 计时器 待办事项 提醒 备忘

基本描述：　强大的备忘提醒工具。包括待办事项、计时器、闹钟三大项功能，专项专用，便于查阅和管理，每一项的内部功能细致全面。

实　　用：　全面整合提醒类 App 的功能，也有很多方便用户的贴心设计。
待办事项有快速记事、快速延时、备忘条。
计时器可以开启、停止、暂停，可以随时修改时间。
闹钟可自定义闹醒字条、小睡一会儿的时间。
待办事项和计时器都有内部搜索条。
内置多种铃声，每一个提醒都可以选择独立铃声。

界　　面：　功能区域布局合理，兼顾信息量和易用性。

# 连环杀手

生活的真相往往是无法面对的。连环杀手就潜伏在我们的周围。

果壳网曾在“你懂的”系列里指出，美国马里兰大学犯罪学教授塔菲特的研究显示，连环杀手可以分为四种类型并且有一套鉴定方法，其中，任务导向型的最大特点是喜欢使用一切与待办事项有关的方式方法、手机应用程序等，每天都要强迫自己在任务列表上画钩。如果你试图阻止他完成任务，那就对不起了……

6 岁念小学，18 岁念大学，27 岁结婚，30 岁有下一代，35 岁事业有成……我们的人生已经被各种日程表限定了，待办事项上列出的项目有如此之多。亲爱的，说到这儿，也许你发现了自己每天活得像是个连环杀手，强迫症似的制定待办事项，并且不遗余力地去执行。

所以，请不要再犹豫了，赶快行动起来，偶尔关掉定时提醒，清空任务列表，想起什么就做什么，随性快乐地过几天想要的日子，这才是“珍爱生活，远离犯罪”的正道。

# iLunascape 3 Web Browser

日中则昃，月盈则食。

太阳到了正午就要偏西，月亮盈满就要亏缺。

这话说的是事物发展到一定程度，就会向相反的方向转化。

为了流畅的用户体验，快速是浏览器开发者所追求的主要参数。

限制打开的选项卡数量和避免多开程序和定期清理系统垃圾的目的是一样的。

天地盈虚，“有个限度”在任何情况下都是利大于弊。

标　　签：　浏览器 Dropbox 云同步 Read It Later

基本描述：　一款快速、整洁、直观的浏览器工具，具备强大的选项卡式浏览功能。用户可以尽享跨设备联机书签同步，支持 Dropbox、Read It Later、下载和文件管理等无穷乐趣。

实　　用：　功能强大的选项卡式浏览，加载网页后，让其在单独的选项卡中保持活动状态。可选择用户代理，如 Internet Explorer、Firefox、Chrome、Opera、Lunascape。下载网站文件和图片，也可将其上传至 Dropbox，复制图片到相册，以便收藏。支持保存网页为图片或发送至 Read It Later 阅读，共享网址至邮件或社交网络。

界　　面：　独有的 Inreach 界面：选项卡和菜单非常接近屏幕底部，便于单手操作。使用独有的“拇指幻灯片”功能，可轻松快捷地在选项卡之间进行切换。

# 文怡家常菜

做饭这件事也可以充满创意，也可以很时尚。

加点盐可以让咖啡的香味更浓郁，

淘米水也有 6 种别致的功效。

厨房的那些事儿，从新奇到熟练。

从热爱美食到热爱生活。

标　　签：　美食 菜谱 饮食

基本描述：　这是美食畅销书作家文怡为你专门打造的免费菜谱 App，包含从她的博客和美食畅销书中挑选出来的最受欢迎的家常菜。

实　　用：　精选菜谱，内置搜索。以简单的文字，清晰的分解图，带着用户一步步学做好吃的家常菜。就算是一个完全没有烹饪经验的人，看图做饭，也能一学就会。

界　　面：　简洁干净，多图详尽。

# 亲爱的饭局

新家装修好的时候，我和老公连续两个月每个周末都约朋友来家饭局。当然，操持饭局的人也只能是我，老公能做的就只是凑热闹而已。整整两个月的周末我乐此不疲地去市场买来各种食材，折腾出一大桌子“美味佳肴”，接待这十余年我们在北京结识的各路好友。老公对我如此之长时间的“贤良淑德”赞叹不已，其实让我如此坚持且着迷的，是美食为我带来的其他东西，比如心情、气氛，或是不同的生活。

就像庄老（北京女病人：庄雅婷）说的——越来越觉得对美食的迷恋是种无言的温婉情绪。身为成年人，只有这个时候可以理直气壮地表现出被吸引、惊喜和赞叹、小小的不加节制、没有罪恶感的沉迷、适当的邀约借口、恰好的排解出口……

以烹饪高手自称的我常宣传只要吃过的菜就一定能做出来，其实我拿手的菜不过就是西芹炒百合、地三鲜、红烧肉、清蒸鱼、可乐鸡翅这些家常菜，甜点也只有双皮奶、银耳莲子汤和芒果布丁拿得出手。不过只要办亲爱的饭局，只要有亲爱的朋友，那么所有的家宴都是华丽丽的顶级大餐。

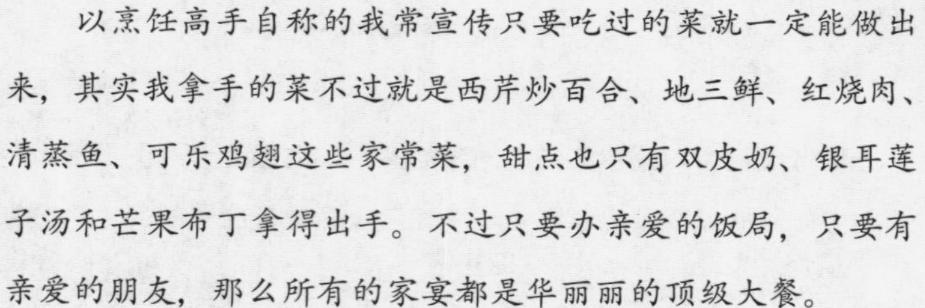

当然，要当“烹饪高手”绝对不能不思进取，因此近来我像做化学实验一般开始认真对待起了“烘培”这一我未知的领域。“文怡家常菜”里的焦糖布丁、椰香慕斯还有提拉米苏我都有实验哦，就等亲爱的你来啦。

# 鳄鱼小顽皮爱洗澡

我爱洗澡，龙头开好，嗷嗷嗷嗷；
带上小鸭，蹦蹦跳跳，嗷嗷嗷嗷；
小顽皮，要洗澡。
生活在地下道却很爱干净的鳄鱼小顽皮，
用幽默的解谜游戏告诫人们一个道理——
水资源很珍贵的亲，一滴也不要浪费哦亲。

标　　签：　益智 解谜 休闲

基本描述：　鳄鱼小顽皮爱洗澡里每一滴水都管用！它是让人耳目一新的解谜游戏，纯粹而有趣！它拥有视网膜显示图像，多点触控及出色的音质效果。
免费版游戏含有 10 个全新关卡。升级到完整版获得 140 个富有挑战性的谜题。

玩　　法：　住在城市下面鳄鱼 Swampy 希望过上人一样的生活，他尤其喜欢干净。对于 Swampy 的怪癖，其他鳄鱼并不友好，他们合谋破坏 Swampy 的水源供给。要想成功帮助 Swampy 把水引到他的浴池，你需要很聪明，另外还要小心藻类、有毒软泥，机关和陷阱。

特　　色：　细节丰富的图形和动画，使 Swampy 和他的地下世界栩栩如生。
Swampy 很可爱，也很滑稽，他只是想与自己心爱的橡皮鸭一起洗个澡而已。
收集所有橡胶鸭，再四处点点找到更多的惊喜！
收集 Swampy 洗澡用的东西，解锁奖励关卡。

## 关于洗澡我有话说

经常听男人们聊什么女网友是见光死，女同事一点也不养眼，老婆摆在家里就像是家具……总之就是身边的女人不漂亮也不解风情。作为感官动物的他们整天想的就是明星、嫩模，直发、丰胸、细腰、长腿……

可是男人们，你们有没有考虑过变美丽的成本。美容大王大S说：洗头要先按摩头皮再洗发丝，如果你是油性发质的话，就要分两种不同的洗发水洗……洗完头要分三个片区五个步骤来梳理头发……面膜要每天做而且还不带重样的……这样算来，她每天洗澡至少要用三个小时吧。可你身边的同样是作为女人的同事、朋友、老婆每天能有多长时间来打理自己。洗澡？半个小时差不多了吧。

要是女人在职场上不优秀、经济不独立，你会嫌弃她是个累赘；如果她很优秀很能干，可能就没有那么多时间照顾好家庭，那你又嫌弃做妻子的没带给你家庭的温暖；最惨的是如果这个优秀的她一时没找到合适的人嫁掉，那“剩女”、“败犬女”……这些个名号就会被强加在她们身上。可是男人们呢，只要事业有成一切也就OK了，没结婚是钻石王老五，结了婚呢照样可以说作为事业型男人照顾不到家庭也是情有可原的。你们凭什么双重标准啊？！！！

你看看，一个洗澡的游戏，就让生活在今天的我们——女人们——牢骚满腹、思绪万千，所以说你们不得不承认我们有多么不容易。所以说男人们一定要对你身边的女人们多些赞赏、多些理解，对她们好一点。

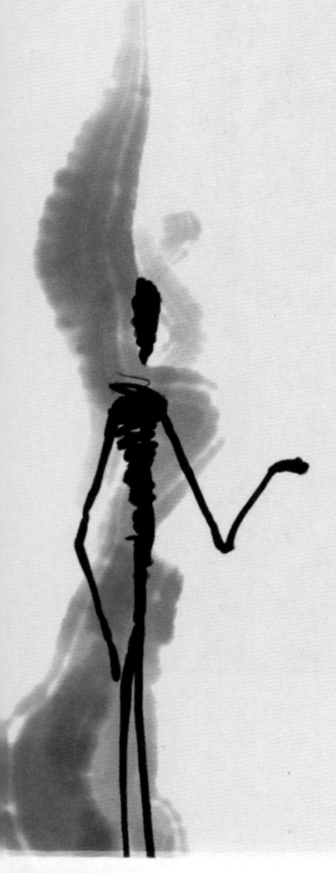

# QQ 音乐

生于当下，最幸福的事情之一是生来就有音乐听。
不与古人相比，也不会觉得这件事本身就值得庆幸，
且不说整日被不同风格的乐曲、不同语言的歌声笼罩着度日了。
对很多人来说，很难想象有那么一天是没有听任何音乐就度过了的。
音乐在现代人的生活里如空气般不可或缺。

标　　签：　网络乐库 音乐下载 官方 App

基本描述：　腾讯公司为移动设备用户打造的支持正版网络音乐及本地音乐播放的全能音乐 App。

实　　用：　海量的网络乐库，集合歌曲推荐、热门榜单、热门歌手、音乐电台。
通过在线搜索功能，轻松找到喜欢的歌手、专辑对应的歌曲。
下载网络乐库的音乐到本地，离线也可随时随地享受音乐。
登录 QQ 账号，与电脑上的 QQ 音乐同步。

界　　面：　清爽的界面展示丰富的内容，支持横竖屏转换。

## iReader

故事的结局是开放式的。
没有百年携手修成正果，
没有遗恨一纸书空缱绻，
没有一人一舟对月共饮，
没有一死一伤魂离彼岸，
没有一口心头血染江山，
没有两人双骑信马由缰……
神马都木有啊！！！！！情何以堪！！！！！

标　　签：阅读 书籍 在线书店 下载 本地

基本描述：掌阅 iReader 是一款很好用的阅读 App。可以阅读和管理本地书籍，在线书店查找和下载书籍。

实　　用：进入书店界面，轻松查找想要看的书。提供在线试读，可以下载到本地阅读。
本地阅读可以调节屏幕亮度、字体大小、主题颜色。
快速添加书签，管理书签。
控制屏幕休眠。

界　　面：书架和书店风格统一，界面清爽。
本地书籍管理便捷，用户体验好。

 Eng

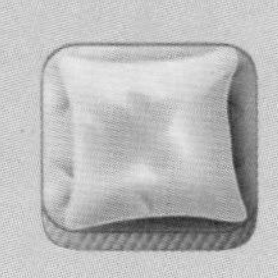

# Sleep Well Alarm; Intelligent Alarm Clock

第一天，昨晚睡的不是很好，不过闹铃的声音还挺好听。
第二天，今天打算早早上床，结果躺着看文直到错过了美容觉时间。
第三天，做了一个可怕的梦，梦里自己在一个游乐隧道里一直转啊转。
第四天，有课还是有约会，反正是要迟到了。醒过来才发现，天还没有亮。
第五天，下午就开始睡，8 点起来吃点东西，开始……看剧。
第六天，吃过饭就倒床睡着了，第二天中午才醒，好像连记忆都失去了。
第七天，终于从那个隧道里转出来了，飞出去掉进一片花丛，太漂亮的世界，是不是精灵住的地方呢？

标　　签：　闹钟 助眠 睡眠质量 备忘

基本描述：　一款界面优美的睡眠管理 App。可以设置闹钟，播放帮助入睡的背景声音，记录睡眠长度和睡眠质量，并用图表呈现出来。

实　　用：　设置多个闹钟，支持贪睡模式。播放助眠白噪。
记录睡眠长度和睡眠质量，用文字备注自己的梦。
将睡眠的统计数据图形化，了解自己的睡眠历史。

界　　面：　色调清新，界面简洁优美。

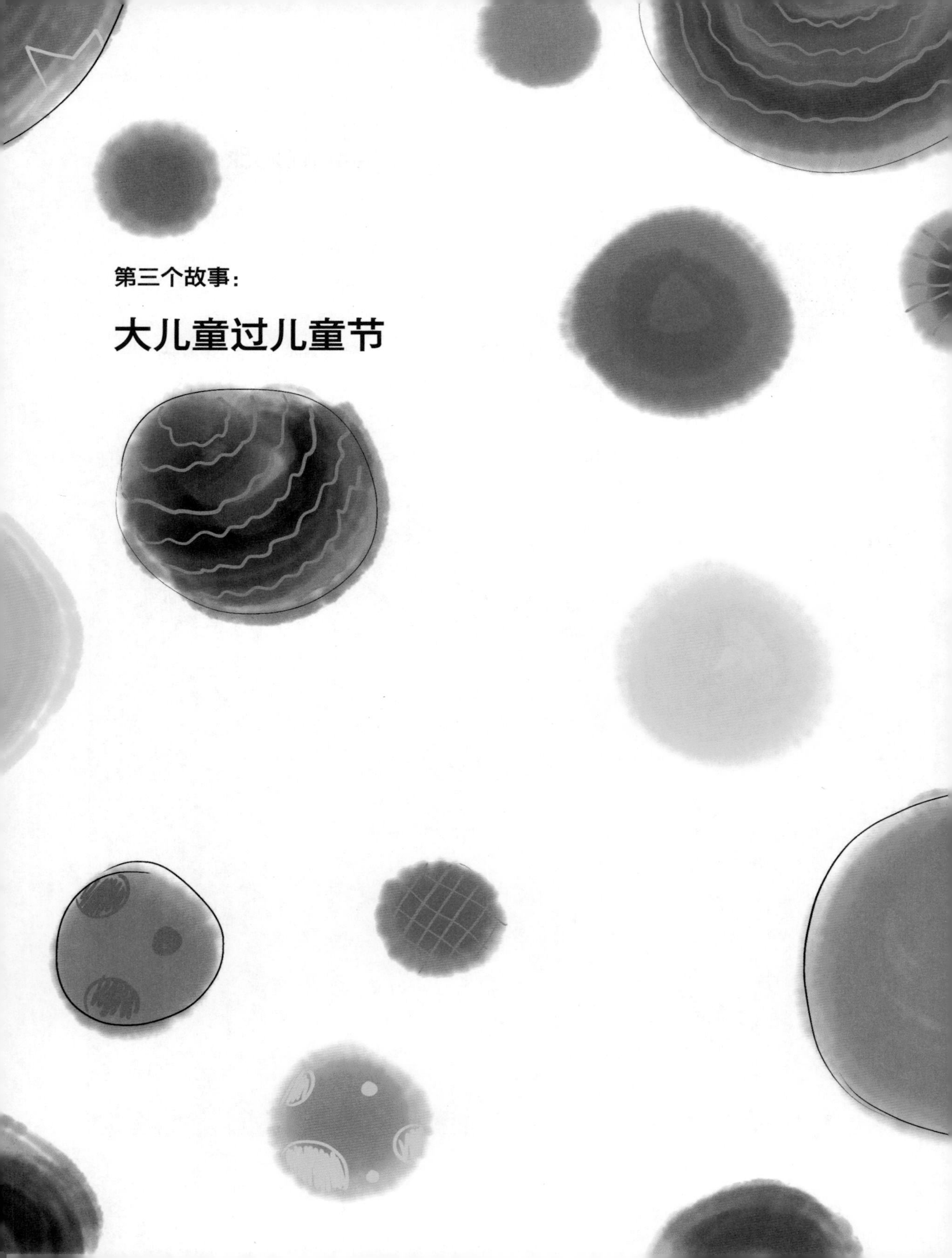

第三个故事：

# 大儿童过儿童节

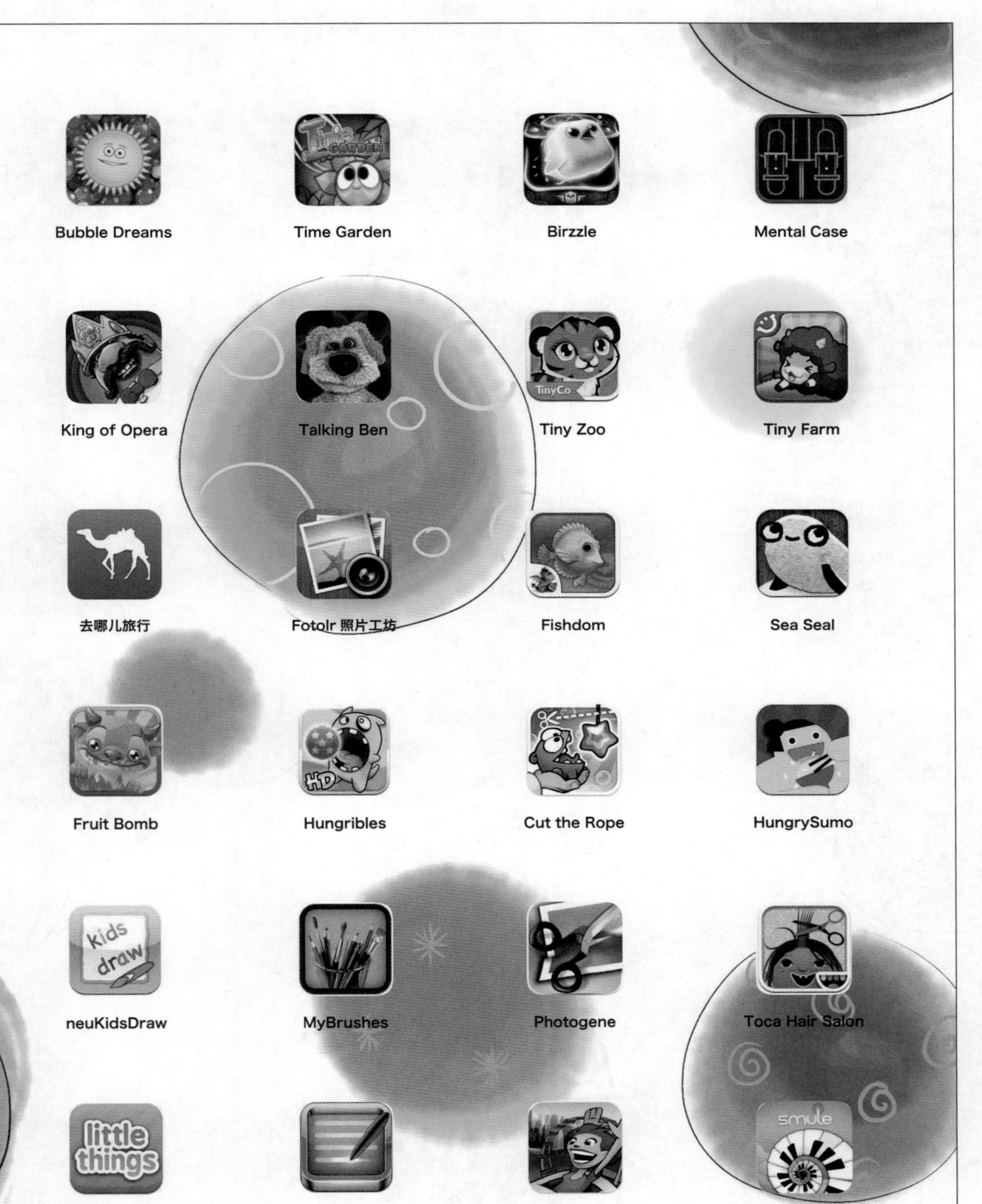
Bubble Dreams
Time Garden
Birzzle
Mental Case
King of Opera
Talking Ben
Tiny Zoo
Tiny Farm
去哪儿旅行
Fotolr 照片工坊
Fishdom
Sea Seal
Fruit Bomb
Hungribles
Cut the Rope
HungrySumo
neuKidsDraw
MyBrushes
Photogene
Toca Hair Salon
Little Things
GoodNotes
New York
Magic Piano

我不想、不想长大，长大后世界没有花。
我不想、不想长大，我宁愿永远没心没肺快乐像傻瓜。
让我们一起，在梦里回到过去好吗？

“太阳 当空照，花儿 对我笑，小鸟 说早早早，你为什么背上小书包”

还记得需要背着小书包 上学的那个时候，我去游乐场和电影院会在售票口说买儿童票，有不认识的大人跟我说话的时候，开口叫的是小朋友。我主宰 自己的世界，安排自己的学习和生活，也指导爸爸妈妈每天去上班，晚上回来给我做饭。我对什么都充满好奇，还有永远用不完的精力。

我喜欢小动物，也最珍惜与它们相处的时光。家中有我最忠诚的伙伴笨笨 等着我；在动物园有我最喜欢的小老虎妮妮 看着我；在草原上有快乐的羊群 从我的面前跑过去；而在远处的山坡上，有骆驼 队伍前行的身影。

我喜欢海边 ，那里有咸咸的大海，细细的沙子，赶潮时的小螃蟹。我也不惧阳光的炽烈，从下午玩到黄昏。还有我最爱的海洋馆，漂亮的热带鱼 ，憨态可掬的海豹 。小海豚的精彩表演总是让我流连忘返。

而我最喜欢做的事情是吃，就像熊猫爱吃竹子，考拉爱吃桉树叶，小怪物  爱吃果子，饥饿的我也爱吃很多东西，无论是早饭、午饭、晚饭  ，无论是正餐还是零食  ，无论是肉类、果蔬、主食、点心，我都可以胃口大开  。吃饭与睡觉并列于我的“人生最重要的事”的首位。

时间过得好快，转眼间，大家好像都长大了。经常出板报的同学做了职业画家，用生命来创作；喜欢把好好的纸都剪碎的同学当了理发师，做职业剪刀手，创造日常的美。在大家还是小朋友、小同学、小伙伴的时候，我就在采撷生活中细碎的小东西、小细节，把它们记录下来，整理出来，方便随时翻阅。后来啊，后来……

再后来我们都坐上了过山车，在飞驰旋转中尖叫放纵，一起度过快乐的儿童节。即便是梦境也足够幸福，更何况这还不一定是梦境呢？

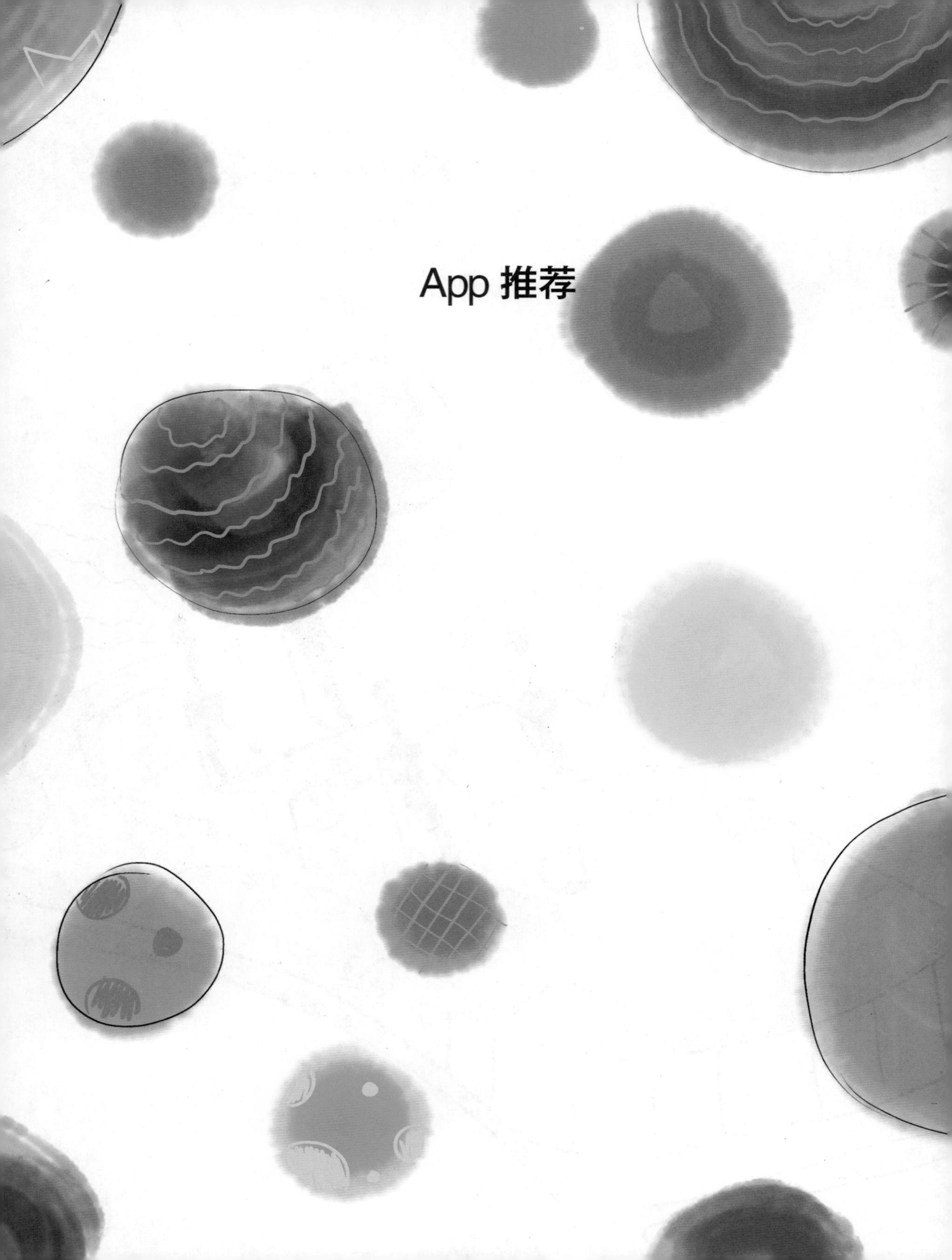

# App 推荐

# Bubble Dreams

在考场上永远算不出结果的数学卷子；
在车站又一次擦肩而过的初恋情人；
在春游途中被怪兽追赶进完全陌生的街道……
每个人都有无法逃离的梦魇，
那是我们想忘却难以忘记的过往。

标　　签：　匹配 消除 休闲

基本描述：　这是一款梦幻的休闲匹配消除过关游戏。需要小心地把梦里的元素两两组合，为小女孩带来甜梦。广告条需要内购才能去掉。

玩　　法：　连接 2 个相同元素的梦泡泡，它们相撞消除会逐渐填充太阳，太阳填满，小女孩醒来，过一关。
2 个梦泡泡相遇，相同元素会加分，不同元素的撞碰则形成梦魇。同元素梦泡泡在随机运动中相遇会自主融合变大，大到一定程度时就会变成梦魇。
2 个梦魇随机运动相遇时小女孩就被噩梦惊醒。游戏结束。

特　　色：　3 种游戏模式，关卡、无限、梦魇！
3 种角色，后两个需要解锁。
游戏中点屏幕几秒返回主菜单。

# Time Garden

时间并不只是线性的。

我们忽略了很多时间共性的可能。

在线性的时间里人生就只是一段旅程。

而经营共性的时间将为你的人生增添更多的枝蔓，

你就拥有了自己的时间花园。

标　　签：消除 益智 动作 过关 休闲

基本描述：这个一款画面精美的益智消除动作过关游戏。时间与神秘花园的成长相融合，跟随着小女孩露露进入神秘的时间花园，展开 31 天的冒险旅程，消除盛开的花朵，收集时间金币，挑战时间怪兽。

玩　　法：消除同色的花朵，达成关卡要求的花朵数量过关。

特　　色：有花堪折直须折。别具一格的花朵成长阶段设定：种子阶段、花苞阶段、开花阶段、盛开阶段、凋谢阶段。建议开花阶段进行消除，因为消除盛开的花朵获得的金钱是最多的。双击某一朵花可以让它快速成长。

精心设计的 4 种辅助道具：快速消除、立刻盛开、区域整理、变成同类。

3 种挑战模式：难度不断提升的等级模式，让你体验时间花园的的魅力；紧张刺激的 5+1 秒模式，考验你的观察能力，挑战你的反应神经；轻松休闲的无尽模式，任何人都能愉快地进行游戏。

# Birzzle Pandora

有这样漂亮的盒子，一直诱惑你去打开，
忍住了，你不免遗憾人生的无趣；
忍不住，打开了，又保不齐出来的是什么样的妖魔鬼怪。
人生是个“忍”字，你能选择的只不过是“忍”什么。

标　　签：益智 消除 三消 动作 过关 萌

基本描述：以可爱的小鸟为主题，画面华丽的益智三消动作过关游戏。移动呀！聚集呀！爆破呀！

玩　　法：可任意移动没有被其他模块堵住的小鸟模块，聚集三只相同小鸟就可爆破小鸟模块，如果聚集四只以上就可形成“power bird”，聚集不同只数的小鸟来获取不同的超能小鸟。

特　　色：简单易上瘾。

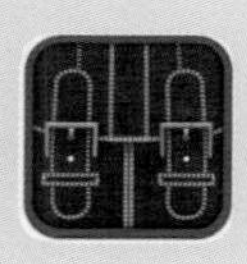

# Flashcards with Mental Case

书包里总是装了太多的书，
还有本子、卷子、笔袋、水瓶之类，
应奶奶的要求称过一次，将近 10 斤。
现在再繁重的资料都有数字化和云端减负，
可我为什么还觉得背着沉重书包那时候的日子最好过呢？

标　　签：闪卡 学习卡 便签

基本描述：这是一款风格独特的 Flash Cards 应用程序，制作与阅览 Flash Cards 的辅助工具。类似于 PPT，却更加形象直观，可以将图片、声音、文字集合制成一张多媒体卡片，以便储存和翻阅。

实　　用：可以使用它制作出精美的 Flash Cards 或者是记录心情、便签、备忘、讲稿，并用它来学习一门新的语言，背诵需要记住的事项或复习。直接输入内容或者从 The Flashcard Exchange 网站上下载 FlashCard 并载入。支持多设备同步。

界　　面：界面友好，操作方便。

# King of Opera

你方唱罢我登场。
争夺聚光灯下的方寸之地，
不仅是靠蛮力，更需要战术、技术。

标　　签：动作 多人 派对 休闲 搞笑

基本描述：歌剧之王是一款欢乐多多的多人动作休闲游戏，支持 2-4 人同时游戏，也可以人机对战。玩家控制各自的男高音歌唱家“互撞”，争夺站在聚光灯下唱歌的时间。画面和音效充满喜感，是绝佳的派对游戏！

玩　　法：用尽办法把自己的角色挤到聚光灯下。角色疯狂旋转，你选择时机点击控制键，让他向前冲，一举撞开竞争者！分数最低的角色在最后一局可以获得公牛的天赋能力，撞你一下就吃不消！

特　　色：唱歌还是撞人，这是个问题！
公牛做国王，反败为胜！

## 会说话的狗狗本

无论是说话的猫、说话的狗，还是说话的鹦鹉，
我们爱他们是因为我们都是在和自己的寂寞对话。
我们希望有这么个人随时倾听，随时反馈。
而且永远不会与自己的意见相悖。

标　　签：　会说话的 录音 交互 休闲

基本描述：　本是一名退休的化学教授，你可以和他交谈，用手指戳他或给他挠痒痒，甚至跟他电话交流。

玩　　法：　你可以和本交谈，他会复述你的话。
戳一下或拍一下本的脸、肚子、脚或手。
戳一下本的报纸和家中其他的物件。
按下按钮，让本吃饭、喝水或打嗝。
把本带到实验室，探索本的反应。
录制视频并分享至社交网络，或者将它们通过电子邮件或彩信发送给亲友。

特　　色：　鲜明可爱的人物设定：本是一名退休的化学教授，他很享受品尝美食、美酒和阅读报纸的宁静舒适生活。要使他做出反应，你需要烦扰他足够长的时间，这样他就会合上手中的报纸。
本的声音低沉有趣。

# Tiny Zoo Friends

我每天醒过来的第一件事是睁眼，第二件事就是点这个游戏。
我狂热地迷恋这个小小动物园的世界每天都是不一样的节日。
我热爱这样的节日，不用换衣服，不用出门，不用见亲戚，感觉就很欢腾。

标　　签：　模拟经营 时间管理 动物园 在线 网络游戏 萌 TinyCo

基本描述：　TinyCo 出品的萌系模拟经营动物园的网络游戏。打造属于自己的最好的动物园，每天都会有新的动物成员等待加入你的动物园！

玩　　法：　购买新动物，孵化后代，组建家庭，完成家庭后它们就会动起来，动作滑稽可爱。在动物杂交实验中发现新物种，同样可以组建家庭。解锁收藏手册里的珍稀动物。在育婴园照料幼儿期的动物。装饰动物园。邀请朋友也来经营动物园，去他们的动物园参观、捐点小钱。

特　　色：　每天回来发现令人眼前一亮的新的动物朋友！
每周推出新的动物主题，让自己的动物园从不 out。
动物们本色出演或是盛装出席，有的不是传统观念的动物但也都好可爱。

## 迷你农场 Tiny Farm

摸摸羊，他们就会生出小宝宝，
派出一个猎人，他就会为你带回一只珍贵的动物，
我爱农场是因为
举手之劳，就可以让生活变得快乐而富足。

标　　签：模拟经营 牧场 农场 Com2uS 在线 网络游戏 萌

基本描述：Com2uS 出品的经典农牧场模拟经营网络游戏，充满温馨与乐趣的迷你农场。需要注册账户登录，随后可以记录账户进行游戏。游戏成熟，更新稳定，不断推出新动物和新植物，在特殊节日有节日限定活动。

玩　　法：极易上手，有阿 Ben 会来传授超简单的农场管理方法。
独特的动物交配系统，特别人性化的一点，利用爱心点可以让动物们感觉到幸福，然后进行交配繁衍后代。
迷你耕地，可供种植多种作物，体会付出就有收获的喜悦。
熟练度系统，让你成为对所有动物、植物精通的专家。

特　　色：生动真实的动物模型，它们不但能在农场内自由行走，还能发出叫声哦。
独特的猎人雇佣系统，跟猎人一起去寻找传说中的美丽动物。
访问邻居的农场，给邻居的动物一份关爱。

# Fotolr 照片工坊

在旅行时偶遇一处美景，心下念念不忘。
但下次启程时还是希望奔赴新的地方。
于是我把它做成四季的模样，放在桌上。
有些美丽拿来怀念就好。

标　　签：摄影 修图 图片处理 图片特效 边框 瘦脸 分享

基本描述：这是一款功能强大且使用简单的图片处理 App，软件中包含了图片处理中最常用到的 22 个功能大类，能提供几乎所有需要用到的照片编辑功能和照片特效。所以无论是专业人士还是一位新手，都可以很容易的做出惊人的特效。
免费版本有广告条。

实　　用：图片编辑：图片旋转、剪切、尺寸调节，画画功能，调节图片色彩属性和明暗度。
图片特效：照片特效、亮色风暴、边框、场景、添加文字。
人像处理：瘦脸、去痘、美白、腮红、口红、假发功能、头发染色。
照片分享至社交网络。

界　　面：简洁易用，人性化设计，操作流畅。

# Fishdom

如何对待人生中那些向你关闭的门?

一遍一遍去消除身边的困难，眼疾手快、百折不挠。

一旦解开，就豁然开朗了。

标　　签:　益智 休闲 动作 消除 三消 解谜 水族馆 Playrix

基本描述:　Playrix 出品的精品消除类解谜游戏，结合了水族馆的模拟经营环节，完成经营成就，带来更多乐趣!

玩　　法:　用玩消除类解迷游戏赚的钱购买种类丰富的鱼、草、水下装饰，建设并装扮自己的水族馆。

特　　色:　无限的重复可玩性。

互动和完全可定制的虚拟环境。

创建梦想中的水族馆。

## 水知道答案

日本的医学博士江本胜先生在冷藏室中以高速摄影的方式来拍摄和观察水结晶，他观察到不同的水，其结晶是不同的：东京的自来水无法形成结晶，天然水的结晶却异常美丽；听了贝多芬《田园交响曲》的水呈现出来的结晶美丽而工整，听了肖邦《离别曲》的水结晶美得小巧玲珑，并分散为几块；阅读到“谢谢”二字的水结晶呈现出美丽的六角形，而看到“混蛋”两个字的水结晶，破碎而零散；而看过“爱与感谢”的水所形成的结晶充满了喜悦，并形成了像盛开的鲜花一样的模样，美不胜收……

偈语有云，色即是空，空即是色。水结晶就证明了平时看似没有区别的简单的水具有复制、记忆、感受和传达信息的能力。海水可能记住了以海为生的许多生命的故事；冰川可能记录下来地球数百年的历史，并在心中封存起来。水在巨大的地球上循环后，进入人们的身体，然后重新奔赴世界各地。而人体的70%由水构成，70%的地球表面也是被水所覆盖的，因此如果我们能读懂水传递给人们的信息，就能更好地面对自己。了解了水，就等于了解了宇宙、大自然乃至生命的全部。

正如江本胜博士所言，水明确地指引了人们生活的方向。比如语言是心理的展现，对于生活所持的不同的心态，会改变占人体70%的水，并在身体的外在形态中表现出来。拥有健康心灵的人，体魄也健康许多。而人们使用不同的语言，也会对外部世界的改变产生不同的影响。简单说来，水结晶又一次证明这样一个道理，生活是一面镜子，你对她笑，她就会向你露出笑脸；你对她哭，她只能回报你沮丧的心情。

# Sea Seal &Word Bird

过日子就像玩拼字游戏，
虽然随机翻出的字母不是由你决定，
但是你可以选择用这些字母拼出怎样的单词。

标　　签：　益智 拼字游戏 英语 休闲 萌

基本描述：　这是一款以小鸟和海豹为主题角色的限时拼字游戏，具有独特的手工拼布复古外观，游戏轻松，趣味多多。

玩　　法：　将布块上的字母缝合为完整单词，它们会从界面上消除。你可以消除感染的字母或消除奖金字母来治愈周围感染的字母。感染字母不能作为首字母消除。你可以交换任意两个字母（或者更多）来找到更多单词。内置教程教你玩。

特　　色：　手工拼布的外观与可爱的角色。
慢节奏的、轻松的游戏。
在线对战。

# 去哪儿旅行

旅游需要预定，人生需要预定，
这样的人生会有什么意思？
预定酒店和机票可以优惠，
那么我们的人生乐趣是不是也打了折扣呢？

标　　签：在线 机票 酒店 预定 航班 火车 景点 旅游 查询

基本描述：去哪儿网官方客户端，专门为旅游用户量身定做，提供机票、酒店等旅行信息。

实　　用：提供特价机票、酒店在线预订，航班状态实时查询，机票价格趋势实时查看，身边酒店预订查询，和火车时刻表、身边景点、本地旅游团购等信息查询。

界　　面：简洁清爽。

## Fruit Bomb

因果之实，结在梦中。
梦中的日子那么长，
其实不是那么饿的，
但还是会每天重复同样的行为，
唯有继续增重才能安心。

标　　签：　物理 休闲 抛物 爆破 吃 萌

基本描述：　小魔兽 FROO 饿了，它要靠每天扔炸弹击落树上的恶魔果实来填饱肚子，吃到果实的 FROO 可以加金钱和体重两种属性。 FROO 每天都可以返回菜单升级炸弹数量、增加树上所结果实的数量，也可以购买特殊武器。在规定天数内完成目标体重，即可开启新难度。

玩　　法：　触摸调整炸弹发射角度和力度，扔出后再点击则爆炸。一颗炸弹扔出去，引爆点附近相依的恶魔果实都会掉落，最终被 FROO 一口吃掉。

特　　色：　超级可爱的主角 FROO 一扑就吃光地上的果实，还会打嗝。
进行游戏获得 FP 点数购买特殊武器，有 4 种特殊武器可选。
两个待解锁的更高难度游戏关卡。

# Hungribles

饥饿是人生存最基本的动力，
肚子饥饿所以我们要吃东西，正所谓民以食为天；
脑袋饥饿所以我们要学习要阅读要思考；
情感饥饿所以我们需要爱与被爱……
活着，饥饿着，追寻着。

标　　签：益智 物理 射击 解谜 过关 吃 萌

基本描述：这是一款乐趣多多的益智射击解迷游戏，包含丰富可爱的角色和漂亮的游戏元素（金币、星星、彩虹、美味食物球、发光蘑菇十字弓）。Hungrible 是种胃口巨大的小生物。它们的饥饿感实在太强了，以至于能够从空气中抓取食物，并放入自己期待已久的口中。本游戏的目标在于喂饱这些 Hungrible 并让它们高兴。

玩　　法：用一个怪怪的发光蘑菇状抛射武器，发射出美味的食物球给 Hungrible 喂食。 每个 Hungrible 的胃口都会影响美味食物球飞过屏幕的路径。让食物球从墙上反弹、绕着 Hungrible 转圈或者击中金松果，就能够赢取额外得分。你能够在每一关都得到三星评级吗？

特　　色：7 种待喂的特殊 Hungrible 。
横跨 4 个世界的 40 个剧情关卡。
20 个特殊挑战关卡。
含手绘插图的剧情故事。

# Cut the Rope: Experiments

无论是游戏里的小怪兽、大恐龙，还是现实世界的我们自己，
对唾手可得的东西总是习以为常，
对遥不可及的东西却总是在费力争取，
人争的太厉害了，就不可爱了。
无论是玩游戏还是过人生，顺其自然最好。

标　　签：益智 物理 休闲 萌

基本描述：备受用户青睐的喜欢吃糖果的可爱小怪物 Om Nom 又来了，这是 ZeptoLab 出品的精品益智游戏 Cut the Rope 的实验室主题版本。这回收到 Om Nom 的是一位科学家，他开始对这只喜欢糖果的 Om Nom 进行研究。玩家将与 Om Nom 一起继续各种有趣的实验。

玩　　法：在复杂的实验环境下，成功集齐三颗星星，最后把糖果喂给 Om Nom 让它开心。

特　　色：6 种实验（包含 150 个关卡）：新手入门，射击糖果，粘性台阶，精密科学，沐浴时间和手递糖果。
加入绳枪，吸盘，火箭，水，机器人手臂这些新的游戏元素。
新的故事情节，教授的评论音效。
寻找隐藏的证据和教授的相册，通过社交网络分享。
新的成就和排行榜，与世界各地的绳刀手切磋！

# Hungry Sumo

徘徊在罪与罚的边缘，
迷醉于胜和败的霎那间。
时不时想起暴食是一种原罪，
于是伸出手指宣判——“嘭！”

标　　签：　动作 物理 休闲 Ninja Kiwi

基本描述：　Ninja Kiwi 出品的一款别致的很具有挑战性的物理动作游戏，独特的相扑主题，游戏元素丰富有趣。支持多点触控，适合多人游戏，而且有的关卡难度颇大，单人玩会手忙脚乱。

玩　　法：　触摸粉红色的相扑队员，他们会增大自身，与蓝色的对手相撞削弱对手的大小，直到把对手削弱到可以撞成自己人，全部的对手被撞成自己人时过关。

特　　色：　挑战 100 个关卡。
4 个迷你游戏：相扑忍者、相扑爱寿司、捶相扑、一口吃个大胖子。
出色的音乐和画面，音效可爱。

## neu.KidsDraw

艺术字，大色块，有韵律的线条

——板报设计的必备法门。

“那谁谁，放学后留下出板报啊！”

那时候能有这个 App 那得多省事。

标　签：画图 卡通 儿童 回放

基本描述：适合绘制卡通风格的漫画和给图片加元素。画廊有 8 幅演示画，有助于了解 App 功能。

实　用：从照片导入图片，进行绘画。

卡通画风格，多种颜色、图案填充，线条宽度可选。

自带描边、内部自动填充和边框相交自动融合功能都很有趣。

无限撤销 / 重做。

双指缩放，双指移动画面。

锁定图纸，防止意外修改。

回放绘画过程。

使用电子邮件发送 PDF 和 PNG 图片分享创作。

界　面：棕色系界面，大按键设计，适合儿童使用。

# Toca Hair Salon

我最希望的是有一位 Sheldon（谢耳朵）所形容的理发师。
他有我从小到大理发的记录，他知道我最适合的发型。
他不会频繁建议我换什么头型，他的店就开在我家的街角处……
那样我就不会为我的刘海儿，我的卷毛儿，我的发型时时崩溃了。

标　　签：　休闲 儿童 理发 卡通 萌 Toca Boca

基本描述：　Toca Boca 出品的儿童模拟经营游戏，无广告无内购，也没有规则和压力，可以让孩子尽情玩耍，经营自己的 Toca 美发沙龙，完成梳理、洗、剪、染、接（G.R.O. 药水）、吹干技能。为 6 个可爱的角色美发，他们会用迥异的表情和声音回应你的操作。快照保存至设备本地“照片”App。

玩　　法：　从 6 个可爱角色中选择服务对象，给他们设计任意款发型。用剪刀和电修剪器修剪头发，用吹风机给做好的头发定型，搭配可爱发饰。有 12 种头发颜色可供选择。在你给顾客做头发时，他们会做出有趣的表情并发出声音，非常真实的体验。当然，稍后无须清理。通过神奇的 G.R.O. 药水，随时可以将头发恢复原样。

特　　色：　6 名可爱角色：Harry（红头发）、Mary（粉色头发）、Rita（Helicopter Taxi 里面的人物）、Berry（熊）、Larry（狮子）、Fuzz（狗）。理发过程中，他们会做出有趣的表情，并发出各种声音。

## 头发的誓言

再与小洁碰面已是五年以后，她给我打电话说想见面聊，我们就约了当晚吃饭。小洁说自己嫁了人，头发留了很久了，也足够久了。我就只是听着，脑子里想的是小洁以前跟我讲过的故事。很多很多年前小洁还是短发的时候，问过她的同桌一个问题：“你喜欢女孩留长发还是短头发？”同桌想了一下说：“长发比较好，显得比较温婉。”高一时我坐在小洁的前面，所以她问同桌的那个问题，我听到了，同桌的回答我也听到了，当时我只觉得有些好笑。小洁呢，就默默地留起了头发。只是头发长得很慢，还没有留长她就转到文科班去了。据我所知，小洁同桌大学时的女友确实也是长发，就是一般的长度，不及小洁的头发长，也不及小洁的气质温婉。而在我听说那个同桌和女友双双留学国外的时候，小洁的头发已经留成了尾巴。

我笑话她说：“人家可能孩子都有了，你还不快去寻自己的幸福。”小洁调侃说：“长发的公主是在高塔上等着骑士来营救的，更何况我的头发还不够长呢，够不到高塔的一半。”停了一下，她又说：“还好我不是被诅咒的公主，不用被困在高塔里等虚妄的未来。”我开始明白小洁的长发并不是为了别人而留，这是她对自己立下的誓言，保证找到属于自己的幸福方可兑现的誓言。

小洁的内心无比坚定，相信自己是可以获得幸福的，而如今她也用一头青丝还了愿。看着久违的短发小洁，我觉得她还如高一的时候那般精灵，而温婉则渗进了骨子里。既然留了十几年的头发一朝剪掉了尚还能泰然自若，她的内心也一定前所未有地笃定了。

## 我的画笔 MyBrushes

这是马良的神笔，
你突然发现你懂国画、油画、水彩画，
画什么像什么，
让你不由得惊叹自己的艺术造诣。

标　　签：绘画 回放

基本描述：功能强大的绘画软件，内置大量笔刷，能够回放并保存整个绘画过程。

实　　用：内置了 100 种笔刷，包括毛笔、铅笔、钢笔、喷笔、水彩笔、粉笔、炭笔、霓虹笔、特效笔。滑块调整笔刷压力、透明度、半径、硬度。50 种背景样式模板。从“照片”App 导入背景图。可以回放绘画的全程。保存文件到“画廊”，导出图片到“照片”。

界　　面：笔刷选择和属性调整在屏幕下方，调色板和菜单可以缩小到边角。

## Little Things®

恋物癖是偏执地占有并且无法接受失去。
有道是，物极必反。
从对少量实体的迷恋转化为对海量资源的迷恋，
最终转化为对万事万物的爱与占有。
恋物的终极形态是大爱。

标　　签：　寻物 解谜 拼图 休闲

基本描述：　精美别致的寻物游戏，拥有漂亮的画面和动听的音乐，有着数以千计的小物件等待玩家去发现。这个游戏的升级版Little Things® Forever支持中文。

玩　　法：　在精巧的拼图中找到文字提示中的物品。
需要收集 99 块拼图碎片，并有 10 枚徽章可彰显玩家的丰功伟绩。

特　　色：　游戏中需要寻找的小东西组合随机生成。无限重复的可玩性。

# 失而复得

那箱子东西，被我弄丢了。什么时候不见的我也不清楚，可能是搬家时慌忙间失手清理掉了。我没有跟她提这件事，她知道了应该也不会在意的。

自从发现没有了那个箱子，我就不想在家待着了。我开始质疑我还待在这里的理由。

在远离家乡的城市，做缺乏激情的工作，与爱人在一起，我却感受不到自己爱她。我在这里的理由或许都在那个箱子，可惜它不见了。我走到街上去，想着箱子里的东西。

电影票，有厚厚的两三沓，那是我跟她一起看过的电影。街角就是我和她最常去的电影院，我走进电影院，看了一场我们以前一定会一起看的电影，我们习惯牵着手，吃掉两大桶爆米花，她不喝的可乐都会被我喝掉。我会大肆吐槽而她总是大笑，惹来旁边看得正高兴的大妈的絮叨。

情书，装订成了十本，四本她写的，六本我写的。两年的远距离恋爱，让我明白了是我爱她多一点，所以我搬来她所在的城市。我确实有过只要有她就足够了的想法，尽管在任何时候听起来都觉得幼稚之极。

她送我的礼物，很多很多，还有那些我送她的礼物，她不能随身佩戴的礼物，我都妥帖地帮她收藏着。她是大大咧咧的性格，任何东西放在她那里都不靠谱，再重要的东西没丢之前她都漫不经心，一旦发现丢了就要大哭。我都怕了她，不小心丢了一个小东西，想起来就要闹一大场。

就是这些从相遇到交往、到结婚、到现在，有用的、没用的、好的和坏的情绪都混在一起保存在一个箱子里，里面到底放了哪些东西我也不确定了，要是不回想，这些记忆也都模糊了。那深爱着的、百感交集的快乐被我遗忘了很久，箱子还在的话我甚至不会去碰它一下。我弄丢的不是一个箱子吧，我失去的因为丢了这个箱子，而得以找回来了。

“老公，你手里拿的那个箱子是什么？”

是我找回来的曾经的和现在的快乐。

“这是个空箱子啊？干什么用的？”

“让我们重新把它装满吧。”

## Photogene

据说，照镜子看到的影像是经过视觉修补了 30% 的自己。
但是我怎么还是觉得自己那么不能忍呢？
所以，修图必不可缺。
修图 App 好多啊，为什么我们需要那么多修图软件。
因为我们矮穷矬的人生，不是一个 App 能修好的。
需要一个接一个万能而强大的修图 App 把自己整得符合自己想象。

标　　签：　图片编辑

基本描述：　一款功能强大、界面华丽的图片编辑工具。即便没接触过这些专业的工具和参数，试几下也就知道如何轻松地把照片变漂亮。

实　　用：　功能太多，还请探索。快速剪裁、旋转，调整色温、色阶、色相 / 饱和度等，设有曲线命令，添加相框、文本框、水印，内置多种滤镜、特效。一次上传或导出多张图片。显示照片信息。非破坏性编辑。分享至社交网络、Flickr、Dropbox、Picasa、FTP 和电子邮件。

界　　面：　化繁就简，一时说不全的各色功能有条不紊地布局在最方便操作的地方。

# GoodNotes – 手写笔记和 PDF 注释

从开始可以自己买纸笔的那一刻起，我就成为了一个本本控。

活页本、插画本、胶套本、线圈本、涂鸦本……书架上的本本越来越多，而多数本本都一直空白。

我喜欢本本的封皮、喜欢里页的插画、喜欢厚厚的极具安全感的纸质。

在远离手写的年代，我坚持做着本本控。

标　　签:　笔记 手写 批注 备份

基本描述:　GoodNotes 是功能强大的手写笔记 App，它为 PDF 文件和图片做注释的能力很强，操作便捷。自动保存，查看方便。

实　　用:　可以手写笔记，画草图，标注 PDF 文件，还可以在一个漂亮的书架上整理它们。轻扫一下就可以翻页，可以高亮显示或添加附注到任何页面，并与他人分享笔记。GoodNotes 还会自动保存笔记，并有完整的备份功能来防止数据丢失。

界　　面:　简洁易用。

# 本本可以是什么

我是一个本本控，只要看到好看的本本就挪不动脚。上海的田子坊、北京的南锣鼓巷……我最先去觅的永远都是本本。

《读库》的笔记本我每年必买。2008 年的《比亚兹莱的异色世界》辑录了英年早逝的天才画家比亚兹莱的插图精华；2009 年的《瓦尔登湖》收录的是梭罗名作《瓦尔登湖》的二十七幅木刻插图；2011 年《艳花高树》收录了祝大年先生极华丽又极质朴的工笔重彩画……其中最爱的是 2010 年的《我负丹青》，这个本本精选了吴冠中先生的四十余幅代表作，还辑录了吴先生的"生平自述"。水墨画的效果美不胜收，先生的自述也充满了禅意："苏联专家说，江南不适宜作油画。银灰调多呈现于阴天，我最爱江南的春阴，我画面中基本排斥阳光与投影，若表现晴日的光亮，也像是朵云遮日那瞬间。我一辈子断断续续总在画江南。"

九口山的 Life Document 生活主题笔记本为拖延症的我、分类控的我做了最好的安排。他将本子的功能细分：工作笔记有工作计划、工作记事、好友联系表；美食笔记有详细的菜谱笔记、做法细节，更可以编写自己的美食地图；电影笔记可以记录电影信息、贴电影图片、写电影评论；健康笔记可以制定健身计划、收集健康和生活的知识；而单词笔记呢，每天记 5 个单词，简单易行的单词识记手册。这让每次舍不得、也不知道该怎么在珍爱的本本上写字的我终于可以写点什么了。

我还喜欢 Concertino 的西部光影锁线本。它一套有十个本本，每个的封面是西部影像，画面简单却很有壮丽且坚毅冷峻的西部感。本本用手工穿线，复古气息非常浓烈。

Moleskine 的城市笔记本也是我的大爱。去过的京都，还未去的维也纳、米兰……都作为别处的生活被定格在本本里，可随时拿出来欣赏回味。

本本不光是用来记录，还是我最好的收藏，我收起了一份安全感，也藏起了一份别样的生活。

# New York 3D Rollercoaster Rush

恋爱就像坐过山车。

高低起伏，惊险刺激，偶有平路就急不可耐。

可别忘了过山车虽始于冲刺，却也终于平缓。

标　　签：动作 过关 过山车 赛车 蓝牙对战

基本描述：一款以不夜的纽约城为背景的 3D 过山车赛车游戏，倾斜或触摸控制，让过山车向前冲吧！

玩　　法：倾斜或触摸来控制过山车的加减速度，冲过急速坍塌的轨道，完成一个个起步和停车，让游客获得刺激又不失安全的最佳的过山车体验吧！

特　　色：生涯模式：在空中时间越长获得的评价越高。

竞技模式：跟隐形的过山车比赛，看谁先到终点。

支持蓝牙联机竞技。

专业制作的音轨，也可播放自己的歌曲。

现实过山车物理学。

## Magic Piano

说起弹钢琴，

普通青年说我真不懂。

文艺青年款款起身，打开琴盖……

我迫不及待，拿起 iPad，切克闹！

我自娱自乐、我爱扮小丑，大家都爱我！

标　　签：　钢琴 音乐游戏 休闲 娱乐

基本描述：　与众不同的弹钢琴游戏，听着是你又不是你弹出的美妙旋律，激发你创作欲和表演欲。Magic Piano 让你随时随地展现出钢琴天才的气质。 按照自己的风格演奏你最喜爱的乐曲，并且每次都能演奏出美妙的音乐。

玩　　法：　跟随光束，控制音键、节奏和节拍。或将钢琴变成羽管键琴、Funky 80 年代的合成器、风琴等乐器。打开游戏模式来解锁成就和免费乐曲。

通过应用程序内的 Smule Globe 播放自己的演奏，或者欣赏其他玩家的乐曲并为他们的演奏喝彩。通过社交网络和电子邮件分享自己录制的片段。或者邀请朋友并送给他们免费的乐曲。

特　　色：　超过 500 首乐曲——每周都会增加新的乐曲。

所有钢琴应用程序中最大的乐曲目录可供选择。

乐曲可以在多个设备之间同步。

第四个故事：

# 或许有一天，我会爱上你

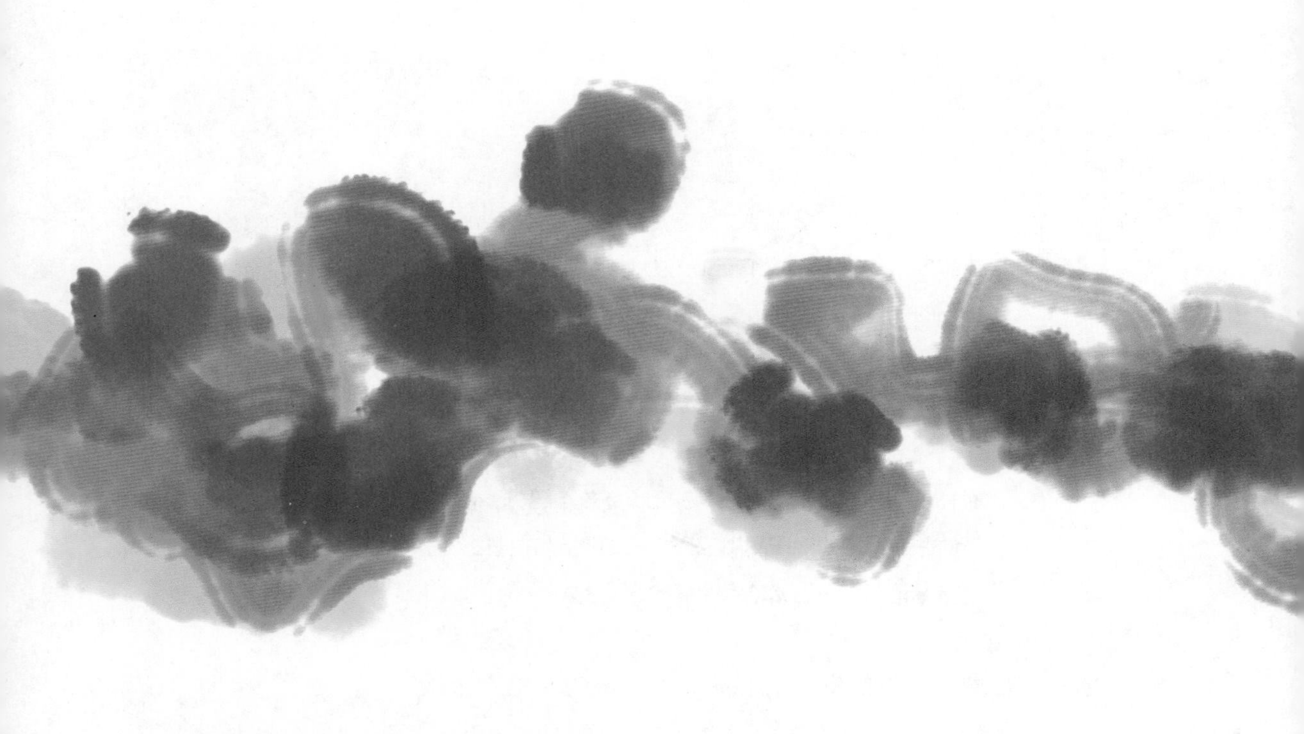

Virtual City Playground

Pages

指览群书

NodeBeat

RealCover

酷拍二维码

Fun Mosaic

快速录音

Mirror's Edge

Fruit Ninja

A Monster Ate My Homework

Bongo Touch Kid

Fishing Girl

#sworcery

Jetpack

手电筒

闹闹女巫店

大众点评

H.W. Mail

GarageBand

宜家《家居指南》

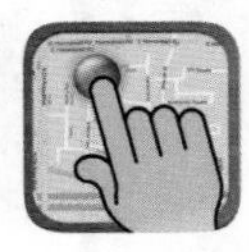

Routes

Smurfs

人人

人格分裂的我幻想过无数次被表白的场景。

作为知性女生的我希望，收到一封写满真情挚爱的言辞灼热的表白。指尖划过，轻声念读，便能感到胸中的悸动。即便没有谱写曲调，乐音也会伴随着文字的流淌不受控制地跳出来，响彻耳畔。

作为文艺范小清新的我希望，惬意的、疯狂的、安静的、纵情的、郁闷的、卖萌的……甚至自己从没见过的表情和动作都被你捕捉下来，冲印成照片，编排成厚重的相册。当然你也可以为我量身定做一首歌，不怎么口水，不怎么矫情，旋律略别扭，不过很好听。不用担心过度的流行，随口哼起来的时候就很轻松，唤起的都是快乐的记忆。

作为野蛮女友的我希望你，任劳任怨、任打任削，出得厅堂、下得厨房，无事你忙、出事你扛。只要是我愿意，你必须上得了九天揽月，下得了五洋捉鳖。即使一次次被我打得东倒西歪、鼻青脸肿，依然可以保有对我的热情和执着，坚持说爱我没商量。

有时我累了，实在不想跟汉子拼完了还要跟比汉子还汉子的妹子拼，甘愿做个弱女子 。这时的我虽然知道寻找那个驾着七彩祥云在万众瞩目中来接我的盖世英雄 过于梦幻，但还是希望你能默默地守护我，在我需要的时候出手相助，为我排忧解难，化险为夷，做我心中真正的勇者 。或者哪怕你只是成为我身边的手电筒 ，为我照亮前方的道路，我便不用害怕，不用独行，不用为忍受黑暗而哭泣，也心满意足了。

但其实我自己心里知道，自己需要遇上的是那么一个人。

他可能不会写引经据典、荡气回肠的情书；也不会弹奏丝丝入扣、婉转悠扬的歌曲。他懂点技术，不帅也没有钱，甚至看上去有点木讷和乏味，不过他会傻乎乎地许下“会对你好”的承诺，那么我就会抛开所有的幻想，洗手做羹汤，做他宜室宜家的爱人。小幸福小开心能够一点一滴地积累起来，可能就是填满整颗心的爱意。无论是环游世界还是饭后散步，我们不离不弃、共生同行。

我大概发现了人生的秘密，不是不爱，而是“或许有一天，我会爱上你”。

# App 推荐

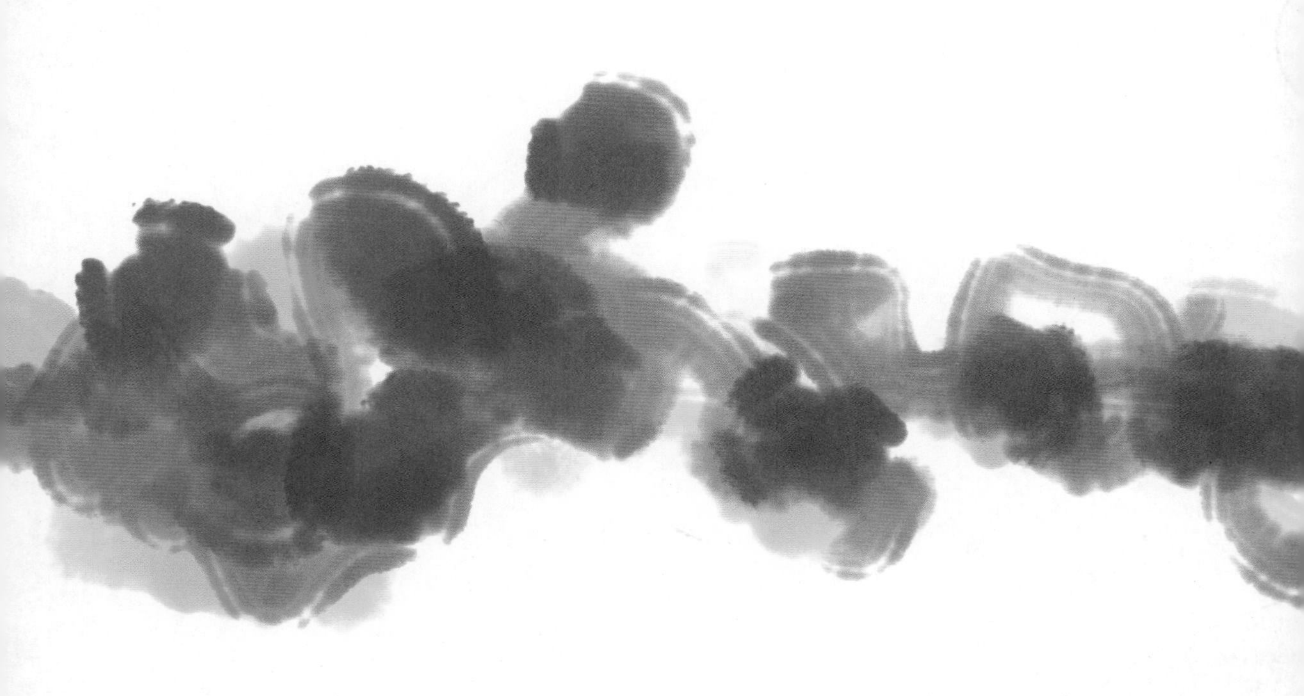

# Virtual City Playground

不是所有的梦想都能成为现实。

小时候，你可能想过要当建筑师、当科学家，甚至当国家主席……

到现在你会发现当时的自己真是想太多了。

还好，有这样的游戏，可以随你的想象建造你的城市。

偶尔沉溺于幻想也没什么不好。

标　　签：　社交游戏 模拟经营 时间管理 城市管理 G5

基本描述：　G5 Entertainment 出品的精品社交类时间管理游戏。建造属于自己的梦幻城市，然后妥善管理。实现各个成功主要因素的平衡发展——时间、收入、环境、人口和幸福感。

玩　　法：　建造住宅和产业建筑。生产产品并将其运送至购物中心。建立大运量客运系统，以便市民前往公园、电影院和体育场等地。回收垃圾、增设医院和消防站、种植树木并升级建筑，以使其更加环保，从而打造一个更加宜居的城市。举办精彩的公众活动，以增强人们的幸福感。

特　　色：　超过 190 个全新可选任务。140 多种新建筑、地标和装饰。95 种全新成就供玩家获得。最小化的游戏继续运输货物——即使在睡觉时也挣钱。

## 指览群书

希望自己的大脑能像数码相机一样存储记忆，
指尖翻过的书籍就都能记录在脑袋里。
信息爆炸的年代，谁人还能大言不惭地说自己“博览群书”？

标　　签：　阅读 书籍 在线书库 云端书库 下载

基本描述：　指览群书是一款集搜索、下载、阅读、管理电子书籍等功能于一体的阅读工具，优化用户的阅读体验。

实　　用：　进入书城界面，可以免费下载一些书籍，也可以搜索。
可以接入第三方的 OPDS 服务 (Open Publishing Distribution System) 获取书籍。
独有的目录功能，帮助分门别类管理你的书籍，并以书架、列表两种呈现方式来展示书籍，还带有拼音搜索功能。强大的书签管理功能，可以保存多个书签。

界　　面：　20 个主题样式，白天 / 夜晚主题一键切换。4 种翻页方式，总有一种适合你。

# Pages

玻璃瓶子装满深蓝色的墨水，钢笔尖划过乳白色的纸。

这是你多少年前的回忆？

停下在键盘上敲击和在屏幕上阅读的方式，

也许可以让心和写作的距离更近。

标　　签：　文字处理 文档 编辑 共享 云

基本描述：　Pages 是一款界面漂亮、功能强大的文字处理程序。可以用它随时随地创建、编辑和查看文稿。

实　　用：　查看和编辑 Pages'09、Microsoft Word 以及纯文本文件。

Apple 设计了 16 种模板和样式可供选用，可以用它们来快速创建漂亮的信函、报告、传单、卡片和海报。使用漂亮的图表和表格来整理数据。制作和查看令人印象深刻的 3D 条形图、折线图、面积图和饼图。

配合 iCloud 使用，文稿将在所有 iOS 设备上自动保持最新。

使用 iTunes“文件共享”功能轻松地从 Mail、Web、WebDAV 服务或者 Mac、PC 导入文件。

通过将作品导出为 Pages'09、Microsoft Word 或 PDF 文件并通过 Mail 发送来共享作品。使用 AirPrint 以无线方式进行打印。

界　　面：　简洁美观，操作便捷。

## NodeBeat

每个人都有混音师的梦，在嘈杂的酒吧 hold 住全场的感觉真的很好！
在家里穿上你羞以示众的服装，打开音乐游戏，带上大耳麦，
那你的前方就是灯红酒绿的舞池……
点开一个游戏就是开启一种人生。

标　　签：音乐 创作 娱乐 休闲

基本描述：NodeBeat 是一款老少皆宜的、可视化的、趣味无穷的音乐 App。用短短的几分钟创建自己的音乐，轻松保存或分享你的创作。

实　　用：音频特性：20 音色，12 个调性，7 个八度的音域，3 指背景键盘，音频波形调整（正弦波、三角波、锯齿波、方波），自创效果器 ( 回声、重音、延迟 )，立体声混音。节奏特性：可调节拍和速度。分享 / 导出功能：可录制音频，可制作成铃声，录音可在 SoundCloud 上分享，录制的音频可输出给其他应用程序，可保存 / 载入创作。基本特性：支持后台播放，可调 Node 参数 ( 重力、速度、距离 )，支持鼓和倍频发生器，双击控制 Node 播放和停止，睡眠定时，儿童锁。

界　　面：炫彩背景板，乐音按照节奏从触发点到达下个音之间有微光细线相连，光点游走，每一个音符都闪烁独特的辉光，美丽动人，足以炫机。

# RealCover – Become a Cover Model

嘴大，没关系，你看看人家姚晨。

脸扁，没关系，你看看人家大 S。

眼小，没关系，你看看人家孙红雷。

秃顶，没关系，你看看人家葛优。

……都没关系！

只要有自信有气场，谁都可以是大明星。

标　　签：　图片处理 大头贴 杂志风

基本描述：　使用 RealCover 定制杂志封面，使家人，朋友和爱人成为封面模特。

实　　用：　有 99 个不同的行业杂志，以供选择。可以选择其中任何一个令人印象深刻的杂志封面，插入朋友、家人、宠物、自己或“什么都可以啦”的照片，制作独具意义的杂志封面，轻松保存到相册或是通过邮件和社交网络分享。

界　　面：　功能按钮固定在屏幕底部。图片可自由缩放移动，文本的添加、移动、编辑、删除都很方便。

## 酷拍二维码

童年时代的脑海深处会有类似的幻想：
若能解开斑驳的砖墙中暗藏的信息，就能开启另一个世界的大门。
神秘又有些诡异的纹路，或者可以称其为编码，
到底可以用怎样的方式解开呢？
曾期待站在身边的小朋友就是解码高手，有没有？

标　　签：　二维码 扫码 生成 个性化 二维码名片

基本描述：　酷拍二维码提供专业的二维码扫码服务，扫码快速高效。还可以定制个性化的二维码名片，一键分享。

实　　用：　兼容性强，支持二维码文本、链接、名片等多格式读取而且支持一维条码扫描功能。自定义生成个性化的二维码名片，支持绑定新浪微博、腾讯微博、人人网，与好友分享。

界　　面：　界面鲜明，操作简单。方便查看历史扫描。

## Fun Mosaic

生日聚会照，就属你脸上的奶油最多；

笑得美美的照片，身边站着你的宿敌；

难得的你跟暗恋帅哥的合照，路人的表情亮到眼瞎……

所有不愿意见到的东西消失了最好。

马赛克：眼不见心不烦。

标　　签：马赛克 遮盖 修图

基本描述：给照片添加各种有趣的马赛克。

实　　用：用手指在照片的相应部分进行涂抹，就可以将涂抹过的地方变成马赛克风格。36 种马赛克风格可选。可以自定义马赛克画笔粗细、尺寸、强度。单指滑动可以进行涂抹或擦除，两指开合放大或缩小照片，两指滑动可以移动照片位置。把完成图保存到相册，邮件分享，或分享到新浪微博等社交网络。

界　　面：可爱的拼布卡通风格界面。简洁易用。

# 快速录音

作为文艺小清新的你每拍完一张照片之后，是否都有些话想说。

打开、录音、自动保存、录音就会跟在照片后面，存进你的“照片”里。

照片、画外音，照片、画外音……

整理控再也不用担心了。

标　　签：　录音 存储

基本描述：　这是一款可以快速录音，并直接将音频文件保存至设备本地的“照片”应用的神奇录音工具。

实　　用：　一键录音，一键停止。直接保存到“照片”中，与你的图片和视频一同管理，不再需要特殊对待语音备忘录。保存成功后请打开“照片”播放音频。

界　　面：　唯一界面，唯一功能，极简典范。

# 镜之边缘

你以为你能飞檐走壁，在屋顶上跳跃就能完成任务，
殊不知你还需要应付激烈的拳脚战斗，躲避你的敌人设下的陷阱……
前方的路没有人知道，但我在前方等着我自己。
没有最难，只有更难，人生就是需要不断地挑战极限。
唯有坚持才能一次次过关。

标　　签：　动作 冒险 跑酷 多人模式 EA

基本描述：　Electronic Arts 出品的一款 3D 动作跑酷游戏。利用最顶尖技术的游戏引擎，透过惊人的高清视觉效果和模拟真实的声音环境，搭配上刺激的音乐和动态视角，让玩家体验视觉、听觉和动作的大跃进。

玩　　法：　玩家扮演一名地下“跑者”，展开闪电行动，必须避开“完美社会”的监视和追捕者的致命威胁，感受并体验飞檐走壁，滑下斜坡，跨上电线，并在屋顶上跳跃。
跟你的朋友在多人游戏模式下挑战时间和战术的竞争。

特　　色：　独家的、令人叹为观止的高画质画面。
独家的、难以置信的面对面多人动作游戏。
独家针对平板电脑优化的比赛环境。

## Fruit Ninja

我们与生俱来的破坏欲是否能通过切瓜果蔬菜来缓解?
精力充沛的小朋友是所有小动物的天敌,
是玩具的摧毁者和所有整洁场所的颠覆者。
搞破坏可以说是人类的本能，好奇心、爱心、关心，都会激发暴力因子。
你想知道我是如何控制自己的愤怒的么？那是因为，我随时都可以愤怒。

标　　签：　水果忍者 切切 动作 休闲

基本描述：　用手指扫过屏幕，你就可以像一个真正的忍者一样痛快挥刀，斩断鲜美的水果，看那果汁四溅。但要小心炸弹，一旦触碰到炸弹，它就会爆炸，你的果汁冒险之旅，也将在瞬间终结！

玩　　法：　切！切！切！！！！！

特　　色：　多变刺激的游戏模式。
令人热血贲张、果汁飞溅的视觉效果。
保持活力、乐趣多多的游戏更新。

# A Monster Ate My Homework

在游戏里，我们尽量保留苹果来获得加分和好评。
在现实中，我们却不可能重复同一关卡，尝试最大限度地保留苹果。
不要犹豫地舍弃太难得到的那些苹果，节约成本快速过关。
要知道失去在所难免，不要因为纠结于偶尔的失去而止步不前。
生命太短，来不及和不爱的人跳舞。

标　　签：　益智 物理 投掷 怪物 萌

基本描述：　A Monster Ate My Homework 是一款画风明丽、配乐活泼，以打落小怪物、保护作业本为游戏目的的物理类益智游戏。

玩　　法：　一群怪物突然出现在你的面前，并且把你的作业全部给抢走！为了夺回作业，一场场有趣的战斗将就此展开。按住屏幕左右旋转视角，点击屏幕来发射球去把小怪物打落到巢穴之外。在打落小怪物的同时，要注意保证作业本和苹果不要掉下去，这会减少过关评价。如果全部的作业本和苹果都掉下去，则关卡挑战失败。

特　　色：　挑战 105 个独特关卡。
全 3D 的画面与左右 360° 的旋转视角。
造型各异、表情搞笑的小怪物，被砸中时会发出可爱的叫声。

## Bongo Touch Kid

乒乒乓乓，叮叮咚咚，戚戚嚓嚓，

把儿歌摇滚爵士流行交响都化为打击乐。

敲敲打打的动感和激情，

一旦燃起就不消退。

标　　签：太鼓 儿歌 迷你游戏 拼图 儿童 益智 休闲

基本描述：Bongo Touch Kid 是一款特别为儿童设计的独特的打击类音乐游戏，结合太鼓达人、打地鼠、水果忍者等游戏的经典元素，敲击太鼓来通关歌曲，玩拼图游戏来解锁更多游戏模式。

玩　　法：选择一首歌曲，跟随旋律节奏点击跃动、闪现的各色太鼓。要小心长相凶恶的方脸太鼓哦！

特　　色：造型可爱、表情丰富的太鼓形象。

包含 12 首歌曲，通关一首歌曲便开启一幅主题拼图。

解锁 5 个迷你游戏。支持多点触控。

孩子们将享受音乐的节奏，他们还会因为一些发现而心满意足。

# Fishing Girl

我最讨厌的活动就是钓鱼，
太阳暴晒蚊虫叮咬，像个傻子坐在那里无能为力。
我从来就没钓上过一条鱼。
这个游戏满足了我，
窝在沙发上吃点零食吃点水果，不需要那么多耐心，不需要那么专注，
就能有收获的乐趣。

标　　签：　钓鱼 休闲

基本描述：　Fishing Girl 是一款新概念的休闲钓鱼游戏，画风明丽可爱，摈弃传统钓鱼游戏艰难繁重的操作，真正轻松愉快地钓鱼。

玩　　法：　“放倒”移动设备挥杆，稍后就会有鱼上钩，转动线圈轴收杆。注意不要转得太快，会绷断鱼线。

特　　色：　拥有 200 多种各式各样的鱼，还有不同的钓鱼工具可选。
海洋里不仅有鱼，还有各种奇妙的内容。
丰富你的垂钓收藏，与朋友一起体验钓鱼的乐趣。

## Superbrothers: Sword & Sworcery EP

“飞雪连天射白鹿，笑书神侠倚碧鸳。”

当一名侠客，古道热肠，行侠仗义。

不用上班，也不用上税，执剑便可走天涯。

标　　签：　角色扮演 冒险 英雄 剧情 像素风

基本描述：　这一款具有强烈视听风格的探索动作冒险游戏。

玩　　法：　通过点击与持续触屏操纵主人公前进、采集物品、与其他人物对话。进入战斗模式，只需将设备旋转九十度角。

特　　色：　一定要戴上耳机享受！超精致的像素画面配合优美的音效，令这款游戏拥有极具吸引力的视听风格；情节在现实与梦境间穿插进行，场景的切换富于创造力；关卡设计别具一格，众多值得称赞的细节遍布游戏各个角落；略显悲壮的英雄故事情节，令人回味无穷。

## Jetpack Joyride

即便寂寞，也会追忆；即便喧闹，也有宁静；
细品平凡，回味是隽永的芬芳。
总有些许值得的，让你背起行囊。

标　　签：　冒险 动作 横板 飞行

基本描述：　Jetpack Joyride 是一款快节奏的横版过关冒险动作游戏，画质不是特别清晰。但操控感、任务系统、道具系统、成就系统、装扮系统构成了强烈的吸引力。

玩　　法：　利用背囊的反冲力和主角的体重来控制上下，躲避障碍的同时完成任务。一个手指就能操作，按下、松开、再按下、再松开、不停地按下、不停地松开，最后死掉，抽奖，重新开始。

特　　色：　游戏可控性强，有 27 种装扮、12 种背囊、6 种座驾、4 种道具、15 种天赋功能，每轮有不同的 15 个任务。丰富的任务系统，不同背囊和座驾的效果，天赋功能的趣味和不时抽中的大奖，还有操控主角飞行的感觉都是游戏的魅力所在。

## 手电筒 (GoodTorch)

《论语·学而》有这样一句话——

曾子曰：吾日三省吾身——为人谋而不忠乎？与朋友交而不信乎？传不习乎？

时时反省自己很重要。

不要像手电筒那样，光照别人不照自己。

标　　签：　手电筒 荧光棒 点蜡烛 时钟 警灯 SOS

基本描述：　非常实用的手电筒程序。

实　　用：　超级亮的手电筒。摇一摇就能点亮或关闭手电筒，使用很方便！

把屏幕变成一个均匀发光屏，你可以改变颜色，调节亮度。

更多功能：彩色荧光棒，旋转图案（动画），逼真的蜡烛火焰（动画），多种动态时钟，SOS 紧急求助，救命（可显示世界主流语言），红蓝闪烁警灯，多样星形图案，浪漫的爱心图案，

界　　面：　为手电筒各功能提供全屏支持。点击屏幕可显示 / 隐藏选择界面。

# 每日星座运程 · NowNow 闹闹的女巫店

时常会不自觉地关注闹闹关于爱情的书写。

“白羊座——爱情是且停且行；金牛座——爱情是逐步进入实质阶段；双子座——爱情是备胎时间; 巨蟹座——爱情是明码标价的爱情; 狮子座——爱情是合约敲定, 辅助、福利延迟; 处女座——爱情是模棱两可; 天秤座——爱情是抚平心灵的春雨；天蝎座——爱情是亦敌亦友；射手座——爱情是偏离跑道的选手；摩羯座——爱情是压力点，意见相左中；水瓶座——爱情是相当生猛；双鱼座——爱情是社交场合里的邂逅。”

似乎所有词汇都可以拿来形容爱情，但是爱情依然是模棱两可，任何表述都充满了无力感。

标　　签：　星座 运势 通讯录

基本描述：　闹闹的女巫店推出每日、每周星座运势，更有贴心的星座通讯录帮你和朋友们一起分享生活乐趣。

实　　用：　十二星座每日、每周星座运势，独家抢鲜发布。

星座通讯录：谁是你的本周幸运星座?

分享是美德：支持邮件、新浪微博和 iMessage 分享。

界　　面：　界面干净清新，操作简单。书本、便签的背景设计，滑动翻页。

## 我们为什么需要星座

在心里赌咒发誓了无数遍，这种费力不讨好的事，一定不能答应！
结果接起电话来，嘴上说的却是：“好、好，没问题……你放心好了。”
放下电话的时候真恨不得抽自己几个耳光。
可是没办法，作为天秤座的我若是拒绝了别人，那自己就会陷入无休止的自责之中。

选A还是选B，是我永远都在逃避的问题，但凡被人问起，我只会说“随便”……
随便是选的什么啊？能吃么？
逛街要有人陪，吃饭要有人陪，哪怕是上个卫生间也希望有人伴随左右……
毋庸怀疑我就是没有安全感，缺爱的时候严重到无法平静地一个人待着。

没原则的老好人，严重的选择障碍，内心脆弱，缺乏安全感，
随时都需要被肯定、被接受……
天秤座的每一个标签都这么天然地契合我。

本以为成长是一个让自己不断完善的过程，
可其实最终发现，成长不过是为了更好地接受自己的各种恶习。
而星座就是为了让我们接受这一切变得简单不纠结。

# Handwriting Mail Pro

从壁画到屏幕，从凿刻石头到手指轻点，
记录的传统与人类文明相伴。
无论用什么媒介记录我们的世界，
衡量好的作品的标准永远一样，
就是它直指人心的力量。

标　　签：　手写 复古 书信 分享

基本描述：　不仅是发送一封手写笔迹的电子邮件的便捷工具，还可以手写笔记备忘，为图片做手写备注，随时查看和分享它们。

实　　用：　在手写区域写字，自动识别录入文档。触摸移动光标，在任意处添加、删除文字。可选择笔的颜色。一个文档多个页面。
背景：可选背景颜色、背景图或透明背景，可从“照片”导入自定义背景图片，可调节背景图片透明度。显示 / 隐藏行格线。
触摸红色图钉移动手写区域。
导出文档为图片，发送电子邮件，或保存至“照片”应用。

界　　面：　手写界面简洁、易用，功能按钮集中。支持横竖屏。

# GarageBand

欢乐有时，悲伤有时，
开怀有时，惆怅有时。
莫以名状总有时。
写给自己的歌，适合当下的自己，也适合完整的自己。

标　签：乐曲 创作 乐器 演奏 录音 混音 工作室 分享 云同步

基本描述：GarageBand 能将你的 iPad、iPhone 和 iPod touch 变成一整套 Touch Instruments 和功能完备的录音工作室。这样无论身处何地，你都能够创作音乐。

实　用：使用多点触控手势演奏钢琴、管风琴、吉他、鼓和贝司。它们听起来如同真实乐器一般，但能实现的功能却远超真实乐器。各式各样的智能乐器能让你比肩专业音乐人，即使你从未演奏过任何曲子。给 iPad、iPhone 或 iPod touch 连接一把电吉他，就可以尽情使用经典的放大器和踏脚转盘效果进行演奏。
召集三五好友，通过 Jam Session 功能，如同真正的乐队般演奏和录音。
将多达 8 个轨道混音在一起，制作出自己的乐曲。分享乐曲：通过 iCloud 同步自己的创作；以电子邮件发送乐曲 (AAC)；将多轨道项目发送到 Mac 上，在 GarageBand 或 Logic Pro 中精调；直接将 GarageBand 乐曲发送到 iMovie 的 iOS 版中，为视频添加自定音轨。

界　面：为 iOS 系统量身定做的精巧设计，使 GarageBand 的强大功能得以实现。

## 大众点评

为吃什么、什么好吃发愁的日子渐渐远去了。

好吃的东西太多，热情奔放地散布在祖国的大地上。

吃货们只需追寻前人的脚步，前赴后继地跟上，一通豪吃海喝。

亲！再换一家！！！

标　　签：　美食 点评 推荐 商户 周边 优惠券 团购

基本描述：　大众点评网开发的全地图版生活服务客户端，是中国领先的城市生活消费指南。在随心触控中，快速搜索、查找商户和优惠。登录账号，同步用户信息。最新手势搜索功能：手指画一圈，美食就出现。

实　　用：　通过定位自动搜索周边各类商户，省时省力。

提供商户电话、地址地图、客观点评等全面信息。

北京、上海等九大城市优惠券免费下载，折扣不断。

抢购超值团购，享受高品质、可信赖、有特色的城市精品生活。

界　　面：　界面友好，方便触屏操作。

# 宜家《家居指南》

家不是一个固定的地方，跟爱的人在一起就有家的感觉。
你需要这样一个地方，给你最想要的家的感觉，
把你爱的家具打包，跟着你和你爱的人组成可爱的家。

标　　签：宜家 家居 选购 指南 产品目录 书签

基本描述：宜家《家居指南》充满创意，提供精心设计的家居布置方案，满足用户的不同需求。

实　　用：找到附近的宜家商场。
通过该应用下载最新版宜家《家居指南》，增添了额外照片的图片库、产品设计师的故事、3D 及互动视频。
输入关键字词或短语，即可搜索整本《家居指南》。
缩略图浏览，快速浏览页面。
一键收藏，查看和管理书签。
随时点击帮助，快速适应应用的多种新功能。
扫描印刷版《家居指南》中右上角带有智能手机图标的页面，可以浏览更多图片、影片和 3D 模型。

界　　面：界面简洁，有设计感，操作舒适。

# Routes. Planning your journeys

“生活在别处”这句话出自法国诗人兰波的一首诗，后被昆德拉用做自己的书名，许巍的第一张专辑也是从这里得来的吧。
也许我们永远无法企及自己理想化的生活，但是我们心里仍有理想的地图。

标　　签：　线路 计划 地图 形成 景点 云同步

基本描述：　使用 Routes. Planning your journeys（线路 . 计划你的旅行）来规划你的日常行程，将节省大量时间，一切都变得更容易！必须在网络连接状态下才能创建线路。

实　　用：　创建无限多的日程；为每个日程创建线路（机动车、自行车、步行）；为每条线路增加多达 25 个行程点，只需点击地图。难以置信的简单！
查看每个行程点的街景视图图片以及更多信息。查找景点、餐厅、酒吧、纪念碑……并根据喜好将其增加至线路中。通过维基百科的动力支持，在行程点附近查找感兴趣的地方。
随时通过点击标记或是行程点列表来编辑线路，改变行程点的顺序、删除行程点，等等。线路会自动重新计算。给自己的行程点做笔记。
查看每条线路的完整详细日程。计算某条线路的总距离和总时长。
最快线路键，按喜好重新排序所有行程点，计算出最快的线路。
通过电子邮件分享日程与线路。使用 AirPrint 打印日程与线路。

界　　面：　出色的界面设计。规划行程时，每个日程和每条线路都有不同的颜色可供选择。界面会适用这些颜色，使你感到更多趣味、更少单调。

## 一直处于规划中的旅行

我越是忙碌的时候越是会花全部的空闲来规划休假的旅程。每一个目的地都有123路线，每条线路又有abc方案，无论是风光、美食、历史文化、交通、住宿，还是短暂的驻足停留，都白纸黑字地标注清楚，我会把图片资料也附在其中，加进GPRS信息，我对每一条线路都演示出完整的景象，有时候会产生我确实已经完成了旅程的错觉。

永远都在规划中的旅行。从高中就开始规划的旅程写在纸上，那是一条完美的路线，临摹的地图上沿途随处都是美景，每一餐都是丰盛的美食。我在注意事项里写了很多可预见的各种问题和解决方案，其中有一条很好笑："遇到心动的对象一定要至少勇敢地搭讪一次"。

而如今，不够舒适的交通住宿条件都会被质疑，独自出行也会变得脆弱不堪。已不再憧憬惊喜不断的旅行情景，规划旅行从梦想本身转化成一种习惯。那些不会实现的梦想与厚厚的自制旅行手册一起合上，我不想在此时叹息，不过在人生各个阶段的旅程是截然不同的，错过的旅程补不回来。于是下一个旅程还在规划中。

# Smurfs' Village

本以为近期的电视剧就已足够狗血，
却依然远不及生活有“想象力”。
也难怪，蓝妹妹怎么能当小爱神呢？
这个世界可不是要乱套吗？

标　　签：社交游戏 模拟经营 时间管理 建造村庄 Beeline

基本描述：基于卡通和漫画原著，由 Beeline 出品的精品社交类模拟经营游戏。格格巫找到了蓝精灵的村庄，并使得蓝精灵们分散于四处。在蓝爸爸的指导下，你将为蓝精灵们重建家园。

玩　　法：玩家开始游戏时，仅有一间蘑菇小屋和一块孤独的开垦田。此后，一切进展很快，允许玩家建造专属房屋、遍布多彩作物的精美花园、跨越河流的桥梁、穿行小道，等等。

特　　色：创意无极限，从零开始建造完整的蓝精灵村庄。
与你喜爱的蓝精灵一同玩耍，包括蓝爸爸、蓝妹妹、惰惰、蓝宝宝、灵灵和乐乐。
在 IAP 中选购蓝精灵果以加快作物和村庄的成长速度。
参加迷你游戏，并解锁其他奖赏。
通过社交网络和游戏中心与好友交流并赠送礼物。
离线游戏，随时对游戏进行管理，无需连接至互联网。

## 人人网

《瓦尔登湖》（美国作家梭罗）：“当你窥望井底的时候你发现大地并不是连绵的大陆而是隔绝的孤岛。”
尽管现在我们每天都在和他人建立联系，在关注他们、评论他们，似乎自己和这个世界密不可分。可其实归于内心时，我们每个人依然是隔离的孤岛。

标　　签：　社交网络 SNS

基本描述：　集成人人网的新鲜事、状态、相册、日志、位置等多项功能，让你随时随地与好友保持联系。

实　　用：　查看附近好友，获取交通路线。
快速查看新鲜事，了解好友最新动态。
一键分享视频、日志、照片，支持分享评论。
支持全站好友精确搜索，从此不再错过你的好友。
快捷与好友进行聊天，贴心的对话保存、聊天消息提醒。
轻松上传照片，添加照片描述，随时随地修改个性头像。

界　　面：　界面友好，方便触屏操作。

## 我和他

如果不是为了减肥的话，我认为“生命就在于静止”。

我最爱的动物是考拉，特别艳羡他们每天睡觉 20 个小时，吃 2 个小时，发呆 2 个小时的生活状态。

我曾和老公讨论过下辈子要做什么的问题。我说我要成为一块石头，不吃不喝也不动，睡觉发呆已足够。

所以从本质上来说，我就是一个渴望放纵生活的人。我的内心住着一个时时教唆自己放任自流的魔鬼。

但是从我活了这三十年的“成果”来看，我还算是一个合格的老师、能干的妻子、事事操心的女儿和靠谱的朋友。这显然不是一个时时撂挑子、随心所欲的人能达成的目标（写到这里，先表扬下自己，鼓掌，呱唧呱唧）。

经过深刻的反思，我发现自己之所以成为现在这样，多半是因为身边生活着他。

他是和我同年同月同日出生，青梅竹马一起长大的老公。他是我对立面的存在。我懒惰，他勤快；我粗心大意，他细心谨慎；我得过且过，他积极上进；我从不为难自己，他却总是想挑战一下自己的极限。我们总是好奇上帝造人的神奇，为什么一个时间出生、一个环境中成长的人会相差那么多。

在我成天就知道看金庸、三毛、亦舒的初中，他就已经开始了发奋学习，知道了一切都得靠自己。到了高中，以帮我补习功课为名，我们时时玩在一起，内心的小感情也一触即发。为了这份美好，为了他，希望做更好的自己，这样的念头就在高考前不到一年的时间在我内心生根发芽，于是乎我终于开发出了部分的自我，开始拿起课本用心学习，在老公的时时鞭策下，我终于一路从本科读到了今天，从全国最好的高校博士毕业，让所有的朋友都大跌眼镜。

当然，在我的“不良”影响下，他这个打小爱学习的好孩子到今天的IT技术男也开始学会了看小说、看话剧、听演唱会、欣赏花花草草、没事傻乐……我觉得他的个人幸福感在我这儿得到了提升。就像是我们刚结婚那会，有天晚上他说梦话把我吵醒了，于是我就趴在他耳朵旁问他：“老公，和我结婚你幸不幸福啊？”他在梦中说：“当然幸福啦！”

虽然现在我也会经常说，在他心目中工作、父母、朋友都比我重要，他却觉得我是无理取闹；他也会时时摆出一副一本正经的模样教训我，说我不认真不努力，让我很是没面子，没有台阶可下……但是就是因为有那样的曾经和这样的当下，我们才能在彼此身上发现更好的自己，才能一起用快乐抵抗住日复一日琐碎的生活，无论是环游世界还是饭后散步，都不离不弃，共生同行。

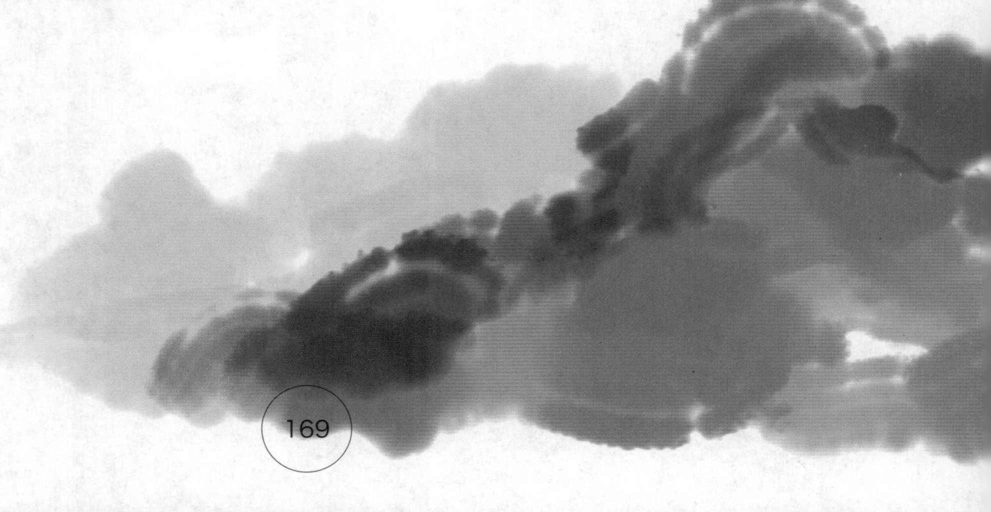

# 索引

# 工具

037

### Discovr Apps – discover new apps

智能化应用程序查找工具，可视化关联搜索，形成 Apps 互动地图。

084

### iLunascape 3 Web Browser

快速、整洁、直观的浏览器工具，具备强大的选项卡式浏览功能。

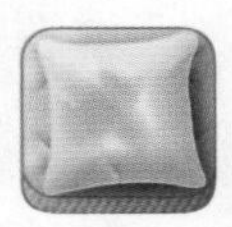

091

### Sleep Well Alarm; Intelligent Alarm Clock

界面优美的睡眠管理应用。

023

### TimeLock – Time Limit for Parents

为设备加上时间锁，你所需要的移动设备防沉迷系统。

072

### 百度搜索

聚合百度应用的专业搜索工具，功能非常强大。

148

### 快速录音

快速录音，并直接将音频文件保存至本地设备的“照片”应用的神奇录音工具。

156

### 手电筒 (GoodTorch)

非常实用的手电筒应用。

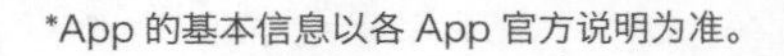
*App 的基本信息以各 App 官方说明为准。

# 教育

064

CloudReaders pdf,cbz,cbr

界面极简的书籍和漫画阅读应用，功能纯粹而强大。

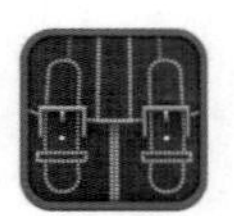

104

Flashcards with Mental Case

风格独特的 Flash Cards 应用程序，制作与阅览 Flash Cards 的辅助工具。

118

neu.KidsDraw

适合绘制卡通风格的漫画和给图片加元素的儿童绘画应用，能够回放绘画过程。

077 

**欧路词典**

超实用的词典工具，提供多国语言的堆量词库下载，查词无需联网。

090

iReader

好用的阅读 App，可以阅读和管理本地书籍，在线书店查找和下载书籍。

122

**我的画笔** MyBrushes

功能强大的绘画软件，内置大量笔刷，能够回放绘画过程。

028

**饮膳水记**

取自古籍，经整理编撰而成的交互性水文化音乐画本。

142

**指览群书**

整合搜索、下载、阅读、管理电子书籍等功能的阅读工具。

*App 的基本信息以各 App 官方说明为准。

# 社交

061

**QQ**

腾讯 QQ 客户端，功能完备，聚合 QQ 空间和 QQ 音乐。

167

**人人网**

人人网客户端，集成新鲜事、状态、相册、日志、位置等多项功能。

068

**微博**

新浪微博官方客户端，分享微博，改变生活。

# 摄影

109

**Fotolr 照片工坊**

功能强大且使用简单的图片编辑应用。

066

**Frame Magic**

完全个性化你的魔法相框，做出与众不同的拼图效果。

*App 的基本信息以各 App 官方说明为准。

147

Fun Mosaic

给照片添加马赛克的趣味应用。

070

Halftone

将照片修饰为美式漫画的影像风格的图片编辑应用。

146

**酷拍二维码**

专业的二维码应用，提供文本、链接、名片等多格式二维码服务。

065

Pics – **密码相册，照片分类、共享、导出**

拥有独特的界面和私密锁设计的照片管理应用。

126

Photogene

功能强大、界面华丽的图片编辑应用。

145

RealCover – Become a Cover Model

定制杂志封面，使你的家人、朋友和爱人成为封面模特。

## 生活

067

**地铁中国** –TouchChina

精准、快捷的中国地铁换乘指南。

024

**豆果美食**

强大的在线美食社交应用，分享超过 10 万道菜谱。

*App 的基本信息以各 App 官方说明为准。

162

**大众点评**

大众点评网客户端，为用户提供全地图版生活消费指南。

030

Nike Training Club

Nike 训练营提供切合用户健身需求的全身功能性训练运动计划。

026

**淘宝**

淘宝网的移动设备版客户端。

085 

**文怡家常菜**

美食畅销书作家文怡为你专门打造的免费菜谱软件。

113

**去哪儿旅行**

去哪儿网官方客户端，方便用户查询旅行相关信息。

157

**每日星座运程 · NowNow 闹闹的女巫店**

闹闹的女巫店推出每日、每周星座运势和星座通讯录。

164

Routes. Planning your journeys

在线规划日常行程和度假旅程，让出行更有效率。

044

Tie Right

实用的打领带图片教程，确实能教会你打领带。

031

**星巴克中国**

方便你与星巴克建立联系的应用。

163

**宜家《家居指南》**

宜家《家居指南》的电子版。

*App 的基本信息以各 App 官方说明为准。

# 效率

081

Alarmed ~ Reminders, Timers, Alarm Clock

强大的备忘提醒工具，整合待办事项、计时器、闹钟三项功能。

073

**FIT™ 写字板 – 极速个人记事工具**

内置 FIT 输入法的个人记事工具。FIT 会员登录可同步笔记。

035

GoodReader

强大的 PDF 文件阅读器，支持主流的文件格式的阅读。

038

**金山快盘**

金山快盘用户可以在移动设备上直接查看、管理快盘上的照片和文档。

034

Dragon Dictation

直接将语音识别为文字的在线记事应用，多语种支持。

127

GoodNotes – **手写笔记和 PDF 注释**

功能强大的手写笔记，可以为 PDF 文件和图片做注释。

160

Handwriting Mail Pro

手写笔记备忘，为图片做手写备注，发送邮件分享。

076

Keynote

为 iOS 移动设备设计的功能极其强大的演示文稿应用。

*App 的基本信息以各 App 官方说明为准。

143

Pages

界面漂亮、功能强大的文字处理程序。

074

Reminders and tasks made easy with Beep Me

快速设定待办事项，简单易用的提醒应用。

039 

**有道云笔记**

网易出品的云笔记应用，轻松实现多设备笔记同步。

# 音乐

152

Bongo Touch Kid

为儿童设计的独特的打击类音乐游戏。

042

Falling Stars

令人爱不释手的星辰坠落般唯美和浪漫的音乐治愈游戏。

161

GarageBand

功能十分强大的音乐创作应用。

131

Magic Piano

与众不同的弹钢琴游戏，让你随时随地展现出钢琴天才的气质。

*App 的基本信息以各 App 官方说明为准。

144

NodeBeat

老少皆宜的、可视化的、趣味无穷的音乐创作应用。

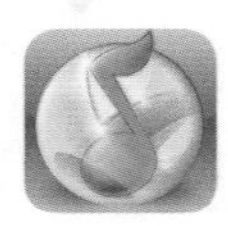

089

QQ 音乐

支持正版网络音乐播放和下载的全能音乐应用。

027

SoundHound

以强大的在线识别音乐和语音的搜索功能为特色的音乐资讯应用。

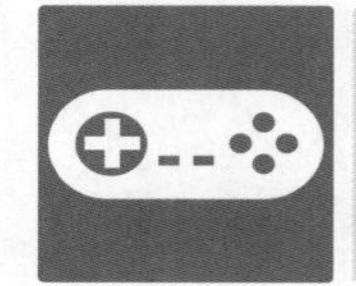

## 游戏

151

A Monster Ate My Homework

以打落小怪物、保护作业本为游戏目的的物理类益智游戏。

101

Bubble Dreams

梦幻的匹配消除过关游戏，为小女孩带来甜梦。

103

Birzzle Pandora

以可爱的小鸟为主题，画面华丽的益智三消动作过关游戏。

047

Cosmic Boosh

规则简单却耐人寻味的重力动作游戏。

*App 的基本信息以各 App 官方说明为准。

029

Cross Fingers

Mobigame 出品的经典益智过关游戏，锻炼你的大脑和手指。

116 

Cut the Rope: Experiments

ZeptoLab 出品的精品益智游戏 Cut the Rope 的实验室主题版本。

087

**鳄鱼小顽皮爱洗澡**

帮助小鳄鱼洗上澡的益智解谜游戏，纯粹而有趣。

079

Fingle

十指全用的益智游戏，由于提出双玩家亲密互动的概念而在情人节之际备受追捧。

114

Fruit Bomb

以小吃货 FROO 为主角的萌系物理抛物休闲游戏。

153

Fishing Girl

真正轻松愉快的休闲钓鱼游戏。

110

Fishdom

Playrix 出品的精品消除类解谜游戏，结合水族馆的模拟经营元素。

150

Fruit Ninja

用手指扫过屏幕，斩断鲜美的水果，看那果汁四溅。

115

Hungribles

萌系喂食射击解迷益智游戏，丰富可爱的角色设定和游戏元素。

117 

Hungry Sumo

Ninja Kiwi 出品的以相扑为主题的趣味物理动作游戏。

*App 的基本信息以各 App 官方说明为准。

149

**镜之边缘**

Electronic Arts出品的3D动作跑酷游戏。

155

Jetpack Joyride

控制角色背着火箭背囊躲避障碍向前飞行的横版过关动作游戏。

123

Little Things®

精美别致的寻物解谜游戏，拥有漂亮的画面和动听的音乐。

130

New York 3D Rollercoaster Rush

以不夜的纽约城为背景的3D过山车赛车重力游戏。

080

Plants vs. Zombies

百玩不厌的消耗性全局型塔防策略游戏，用植物们排兵布阵，阻止入侵庭院的僵尸。

017

Jelly Defense

Infinite Dreams出品的精品果冻塔防游戏，果冻很萌，音乐很赞。

105

King of Opera

充满欢乐和高歌的多人派对游戏。

108

**迷你农场** Tiny Farm

Com2uS出品的经典农牧场模拟经营在线社交游戏。

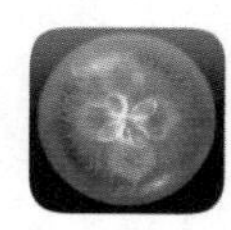

043 

Osmos

以星球吞噬为主题的益智敏捷类游戏，画面效果摄人心魄。

078

**沙弧保龄球2** iShuffle Bowling 2

通过沙弧球的方式进行保龄球对战的休闲游戏。

*App的基本信息以各App官方说明为准。

075

**Stand O'Food® 3**

G5 出品的以汉堡餐厅为主题的模拟经营动作游戏。

112

**Sea Seal &Word Bird**

以小鸟和海豹为主题角色的限时拼字游戏。

102

**Time Garden**

画面精美的益智消除动作过关游戏，进入神秘的时间花园进行时间冒险。

107

**Tiny Zoo Friends**

TinyCo 出品的萌系模拟经营动物园的在线社交游戏。

154

**Superbrothers: Sword & Sworcery EP**

具有强烈视听风格的探索冒险游戏。

166

**Smurfs' Village**

基于蓝精灵的卡通原著，由 Beeline 出品的精品社交类模拟经营游戏。

119

**Toca Hair Salon**

Toca Boca 出品的儿童模拟经营休闲游戏，经营自己的 Toca 美发沙龙。

141

**Virtual City Playground**

G5 出品的精品社交类时间管理游戏，建造并管理自己的梦幻城市。

## 娱乐

*App 的基本信息以各 App 官方说明为准。

106

**会说话的狗狗本**

本是一名退休的化学教授，可以和他交谈，用手指戳他或给他挠痒痒，甚至跟他电话交流。

036

**奇艺影视**

提供正版高清影视视频播放服务的爱奇艺客户端。

046

**真心话大冒险**

真心话大冒险的题库，摇一摇，让手机帮忙问。

022 

Line Art

非常棒的治愈系应用，体验瞬息万变的光、线的视觉游戏。

045 

Super Powers

令人陶醉其中、忘记时间的休闲治愈应用。视觉特效千变万化。

021 

**乐视**

提供正版高清影视视频在线观看、分享、搜索等服务的乐视网客户端。

# 资讯

020

Flipboard: **您的随身社交杂志**

在Flipboard上创建个性化的社交杂志，用精美的布局展现并分享一切。

069 

iWeekly **周末画报**

拥有上佳视觉体验的中文生活方式杂志，支持离线阅读。

*App 的基本信息以各 App 官方说明为准。

十年欢乐换 App　拿什么拯救你，我的 App　在 AppStore 要买大块头 App　那些年我们一起戳过的 App　App
味　App 行动纲领　App 管理 App　黄大仙教你识 App　人生不识 App，纵是英雄也惘然　App 升级记　App 代表你的心
粉丝之王　多年的 App 熬成婆　人生的第一本 App 书　其实你不懂什么叫做 App　你爱甜 App 还是咸 App　App 行为学
App 风　那一夜我们说 App　App 很忙　App 大叔和小萝莉　App 宝典　品味 App　人生何处不 App　相见不如曾
人生得意须 App　App 的诱惑　我与 App 二三事　点 App 成金　App 特典　大众 App　跟我学 App　看图识 App　App 面
铤而走险，App　谁动了你的 App　App 袖珍书　App 操作技术指南　App 盛宴　App 黄金时代　看 App 说什么　App
一个时代的 App　someone like your App　Big App is watching you　不是我不教你 App　那些 App 教
的事　App Man　自由深处的 App　人生必须轮的 100 个 App　我有 App 尚未对君说　App 的国度　寂寞的 App　App 传
App 入梦来　开运 Apps　App 切克闹　App 你的 App　皇家 App　从前有个 Apps　大师兄！师父被 App 捉走了！App 性
科学 App 会　App 秘籍　别让 App 占有你　App 别闹　App 连线　App 在线　App 故事会　咱家那些 App　一个人的
秘 App 手册　App 男女　App 人生　App 拯救世界　App 可以有　App 厚黑学　App 经济学　App 人类学　App 社会
App 与星座　你所不知道的 App　缘来是 App　从来没有这样 App　成长的 App　我看到了 App　App 私生活　Apps 秘史
连连看　App 的六块腹肌　App 金字塔　App 沙龙　欢天喜地 App　App 来了　亲家 App　家有 App　特别 App　绝对
花心 App　终极 App　站前 App　世界级 App　你想不到的 App　App 你学不会　App 万福金安　真爱 App　App
App不败　App未完成　天下 App　App第一　躺着也中App　十年一App　App我最大　App了没　妈妈，我要App　爸爸，
什么要 App　App，请你再爱我一次　再看 App　大杯还是中杯 App　一辈子 App　下辈子也 App　App
App 任我行　App 半日谈　App 不差钱　App 关键字　App 热门搜索　3 分钟爱上 App　App 终结者　真果 App　App 摇
从头开始 App　从今天开始 App　怎么可以这样 App　无所谓无 App　你值得 App　生活如此 App　App 大战外星
重返 App　开心 App　App 前传　App 猛回头　App 直冲天际　猜不到的 App　App 对你说　App 传　App 前传　App
App 的时候，我想起了你　世界心中充满 App　心中的 App　无欲无 App　笑傲 App　世界唯一的 App　世间万物 App
刻我想起了 App　App 那些事儿　App 这些年　十年一觉 App　终成 App　万水千山总有 App　谢天谢地 App　天上
App　App 知道答案　我家的 App　我爱我 App　App 走我也走　闪亮 App　星光 App　一杯饮尽 App　App 漫漫其
远　长歌当 App　世间 App 为何物　人生必用的 100 个 App　App 动词大慈　App 的情绪　App 养生　App 之旅　App 真
App 的舞台　App Cosplay　App 对对碰　App 之夜　App 时间　App 之都　App 之地　App 效应　App 见首不见尾
烧生命来 App 你

**图书在版编目（CIP）数据**

App 故事：从来没有这样爱 / 猫咖，兔酱著；毛豆茶绘 . -- 北京：
机械工业出版社 , 2012. 12
ISBN 978-7-111-40546-7

I. ① A… II. ①猫… ②兔… ③毛… III. ①移动电话机 - 应用软件 - 图集 IV. ① TN929. 53-64

中国版本图书馆 CIP 数据核字（2012）第 283440 号

机械工业出版社（北京市百万庄大街 22 号　邮政编码 100037）
责任编辑：　杨硕
责任印制：　乔宇
北京汇林印务有限公司印刷
2013 年 1 月第 1 版・第 1 次印刷
184mm×240mm・11. 5 印张・276 千字
0001－3000 册
标准书号：ISBN 978-7-111-40546-7
定价：45. 00 元



电话服务
社 服 务 中 心：（010）88361066
销 售 一 部：（010）68326294
销 售 二 部：（010）88379649
读者购书热线：（010）88379203

网络服务
教 材 网：http://www.cmpedu.com
机工官网：http://www.cmpbook.com
机工官博：http://weibo.com/cmp1952